システム開発のための
見積りの
すべてが
わかる本

株式会社オープントーン
代表取締役社長
佐藤大輔
畑中貴之
渡邉一夫

SHOEISHA

本書内容に関するお問い合わせについて

このたびは翔泳社の書籍をお買い上げいただき、誠にありがとうございます。弊社では、読者の皆様からのお問い合わせに適切に対応させていただくため、以下のガイドラインへのご協力をお願いいたしております。下記項目をお読みいただき、手順に従ってお問い合わせください。

●ご質問される前に

弊社Webサイトの「正誤表」をご参照ください。これまでに判明した正誤や追加情報を掲載しています。

　　正誤表　https://www.shoeisha.co.jp/book/errata/

●ご質問方法

弊社Webサイトの「刊行物Q&A」をご利用ください。

　　刊行物Q&A　https://www.shoeisha.co.jp/book/qa/

インターネットをご利用でない場合は、FAXまたは郵便にて、下記"翔泳社 愛読者サービスセンター"までお問い合わせください。
電話でのご質問は、お受けしておりません。

●回答について

回答は、ご質問いただいた手段によってご返事申し上げます。ご質問の内容によっては、回答に数日ないしはそれ以上の期間を要する場合があります。

●ご質問に際してのご注意

本書の対象を越えるもの、記述個所を特定されないもの、また読者固有の環境に起因するご質問等にはお答えできませんので、予めご了承ください。

●郵便物送付先およびFAX番号

　　送付先住所　〒160-0006　東京都新宿区舟町5
　　FAX番号　　03-5362-3818
　　宛先　　　　（株）翔泳社 愛読者サービスセンター

※本書に記載されたURL等は予告なく変更される場合があります。
※本書の出版にあたっては正確な記述につとめましたが、著者や出版社などのいずれも、本書の内容に対してなんらかの保証をするものではなく、内容やサンプルに基づくいかなる運用結果に関してもいっさいの責任を負いません。
※本書に掲載されているサンプルプログラムやスクリプト、画面イメージなどは、特定の設定に基づいた環境にて再現される一例です。

※本書に記載されている会社名、製品名はそれぞれ各社の商標および登録商標です。
※本書の内容は2018年8月1日現在の情報に基づいています。

はじめに

　「見積り」と聞いて皆さんは何を思い浮かべますか。いわゆる営業担当者が作る「御見積書」でしょうか。実は見積りはプロジェクト計画の基礎となり、プロジェクトマネジメントの成否を左右し決定づける最初の大きなテーマです。日本情報システム・ユーザー協会（JUAS）による『企業 IT 動向調査 2016報告書』によると、2015年度は100人月以上500人月未満のプロジェクトで34.8％、500人月以上になると実に42.4％のITプロジェクトで予算超過や工期未達の問題が発生しています。こうしたプロジェクト計画の土台となる見積りについて1990年代に多くの議論がなされ、数々の手法の発表や出版物の刊行がなされました。

　しかし、2018年の現在、当時とはアーキテクチャがあまりにも大きく変わりました。たとえば、近年登場した「フレームワークや自動化ツール、高度なIDE」などのツール類の存在です。これは、大げさにいえば、ビルを人手で建てるのか、機械で建てるのかくらいに違います。今の時代、これらを前提とせずにソースコードの行数で見積りを行うのはあまりにも非現実的です。

　本書では、大きく変化した見積りの手法について、特にこれからマネジメントに取り組む年代層に向けて、著者たちの15年以上にわたる経験と数百に上るプロジェクト体験に基づく、マネジメントや開発ノウハウなどを解説しています。

　本書は、3つのパートに分けて解説しています。第1部では、はじめて見積りを行う人のために、見積りの基本をいちから解説します。続く第2部では、クライアントサーバー型の開発など、従来の見積りについて解説します。最後の第3部では、クラウド時代の見積りとして、当社がこれまでに手掛けた事例を基に、クラウドを活用したWebシステムでの見積りやアプリ開発など特殊な見積りについて解説します。なお、本書では既存のファンクションポイント法などの手法を解説しつつも、「今どきの開発」で使うことを意図して執筆しているため、本来の手法とは大きくかけ離れている点があることに留意してください。

　「直接受注」を目指している中小開発会社は多いと思います。本書の執筆陣は50名以下の開発組織で、金融機関や政府機関、医療機関などへの直接受注を果たしているエンジニアやマネージャーです。「直接受注」への第一歩は「直接提案すること」です。本書が直接受注の一助になれば幸いです。

2018年9月　　　　　　　　　　　　　　著者を代表して　佐藤　大輔

システム開発のための見積りのすべてがわかる本●目次

はじめに　003

第1部 見積りの基本

第1章　見積りって何だろう？　009

見積りの根幹　010
システム開発における納品までの流れと見積り　012
ソフトウェア開発の契約形態とお金の流れ　014
見積書の基本用語　016
単価って何？　018
誰から誰宛てなのか？　見積書の読み方　020
見積りの有効期限　022
知っておこう！　主な見積りの手法　024
最も一般的な見積りの手法　積み上げ法　026
ユーザーにも受け入れられやすい手法　ファンクションポイント法　028

COLUMN 概算見積りってどうやるの？　030

第1章のまとめ　030

第2章　はじめての見積り　031

要件を書き出す　032
具体的な要望を見える化しよう　034
機能要件・非機能要件一覧で見積りの範囲を明確にする　036

004

システムの役割を明確にする　038
体制図で役割を明確にする　040
マスタースケジュールでフェーズの全体像を共有化　042
見積もる前に現状確認を　044
システム開発における作業フェーズ　046
フェーズとタスク　048
タスクをスケジュールに並べてみよう　052
リスクを把握して作業バッファを削る　054

COLUMN フェーズって現場ではどうしているの？　056

第2章のまとめ　056

第3章　チームの作業を見積もる　057

ロール（役割）とは？　058
ITプロジェクトのロール　060
タスクとロールをひも付けよう　062
1画面に何日かかる？　見積りの基準を決めよう　064
メンバーの生産性と練度　066
チームのスケジューリングをしてみよう　068
テストの自動化やプロジェクト管理ツールの影響　070
開発プロセスと見積り　アジャイルとウォーターフォールモデル　072

COLUMN ツールを駆使する！　074

第3章のまとめ　074

第4章　受注に向けた見積り　075

一般的なコンペの流れ　076
ヒアリングと提案の進み方　078
見積りの進め方を確認する　080

機能要件・非機能要件一覧を作ってみよう　082
多段階見積りの進め方　084
見積作業を進める　086
見積りを見える化する（1）フロー図　088
見積りを見える化する（2）アーキテクチャ構成図　090
見積りに必要な資料　体制図　092
見積りを進める　スケジュール　094
見積り完成時のチェックポイント（1）
　要件を現行業務と比較したか？　096
見積り完成時のチェックポイント（2）
　体制図やスケジュールに顧客の役割を明示しているか？　098
見積り完成時のチェックポイント（3）
　非機能要件が書き出され顧客に説明されているか？　100
見積り完成時のチェックポイント（4）
　開発作業以外の費目は盛り込まれているか？　102
見積り完成時のチェックポイント（5）
　値引きの要望への対処は適切か？　104
時間は削れない　106

COLUMN　見積りの完成　108
第4章のまとめ　108

第2部 これまでの見積り

第5章　ソフトウェア工学的視点での見積り　109

見積りの歴史　110
工数と工期の関係　112

工数の構成を知る　114

クライアントサーバー型の見積り　115

COLUMN コスト短縮より危険な工期短縮　118

第5章のまとめ　118

第6章　ファンクションポイント法による見積り …… 119

ファンクションポイント法の進め方　120

ファンクションの定義と粒度　122

ファンクションポイント法を使ってみよう（1）
　ファンクションポイントの算出　124

ファンクションポイント法を使ってみよう（2）調整値を算出する　128

ファンクションポイント法を使ってみよう（3）見積りの作成　138

COLUMN 見積手法の選定の仕方　142

第6章のまとめ　142

第7章　ユースケースポイント法による見積り ……… 143

UMLの基本　144

ユースケースポイント法での見積り　146

ユースケースポイント法で実際に算出する　150

COLUMN 「提案力」の重要性　154

第7章のまとめ　154

第3部 クラウド時代の見積り

第8章　クラウド時代の見積りの技術要素　　155

開発プロセスの変化に伴う見積りの変化　156

大きく変わったテストや開発のコスト　161

システム全体のコスト構造の変化　171

新しい技術と見積り　180

スマートフォンアプリでの見積り　187

COLUMN　テキストエディタを使いこなそう　196

第8章のまとめ　196

第9章　事例・実習編　　197

アジャイルプロセス×クラウド活用のシステム開発　198

ミッションクリティカルなWeb業務管理システムの開発　228

索引　251

■会員特典データのご案内

本書の読者特典として、「見積りテンプレート集」および第9章の実習にて実際に作成した見積りをご提供致します。
会員特典データは、以下のサイトからダウンロードして入手いただけます。

https://www.shoeisha.co.jp/book/present/9784798156491

●注意

※会員特典データのダウンロードには、SHOEISHA iD（翔泳社が運営する無料の会員制度）への会員登録が必要です。詳しくは、Webサイトをご覧ください。

※会員特典データに関する権利は著者および株式会社翔泳社が所有しています。許可なく配布したり、Webサイトに転載することはできません。

※会員特典データの提供は予告なく終了することがあります。あらかじめご了承ください。

第1部
見積りの基本

第1章

見積りって何だろう？

　本章では、システム開発を伴うITプロジェクトを実施するための「見積り」について説明します。ここでいう見積りとは、ITプロジェクトを実施する上での「工数や工期、金額など計画の基となるシステム開発の規模を表す数値」のことです。なお、本書ではソフトウェア以外のサーバーやインフラまで含んだ全体を「システム開発」と呼び、プログラミングなどのアプリケーション開発を「ソフトウェア開発」と呼ぶことにします。

見積りの根幹

　見積りと一言でいっても、金額や納期を明記した「見積書」から、自分やチームの作業スケジュールの予定まで、見積りが指すものは幅広いものになります。

　見積書であれ作業予定であれ、見積りの根幹は**「作業量の予測」**です。システム開発においては、人件費がコストの大半を占めるため、「作業量の予測」≒「金額の予測」にもなります。したがって、システム開発では、「作業量の予測」が見積りということができます。

　なお、実際の見積書ではミドルウェアのライセンス料、ハードウェアやネットワークの施工料金など、ソフトウェアエンジニア（以下、SE）の作業量とは関係のない費用もたくさん記載されています。実際のビジネスでは、そうした費用も含めて見積りとして扱われることになりますが、本書では「ソフトウェア開発の見積り」に焦点を当てるため、SEの作業とは直接関係がない費用については簡単に触れる程度にしています。

　右図では見積りを取り巻く大きな仕事の流れについて記載しています。図にある**「要件定義」**というのは、顧客の希望を具体的に形にする作業です。

　要件定義を始めるには、まずは「ECサイトで自社製品を販売したい」「社内ワークフローを電子化しコストダウンしたい」といった**顧客が実現したいビジネス課題をヒアリングします**。ビジネス課題を実現するために、顧客はさまざまな機能を要望します。そうしたユーザーからの要望をヒアリングし、書き出し、列挙することが要件定義であり、見積りのファーストステップになります。

　要件定義には**機能要件**と**非機能要件**という要素があります。機能要件とは、「こういう画面がほしい」「メール通知がほしい」など、ユーザーが利用する機能の要件になります。それに対して非機能要件は、「セキュリティは厳しく」とか「1,000人が同時に使用する」など、ユーザーが直接操作する機能ではありませんが、顧客の要望をかなえる上で必要な要件となります。

　このように**要件定義を通して要件を定め、その作業量を予測すること**が見積りの根幹なのです。

■ システム開発における見積りの位置付け

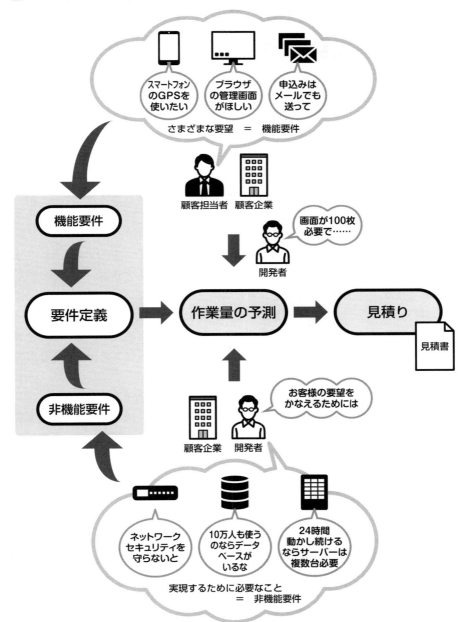

システム開発における納品までの流れと見積り

　システム開発での見積りの位置付けを見てみましょう。皆さんが行う見積りはシステム開発という仕事の中でどんな形で役に立つのでしょうか。
　ソフトウェアの利用分野は、ビジネスはもちろん、エンターテインメントや機械の制御、学術用の計算など幅広い分野になります。開発の方法も「スクラッチ」といわれるオーダーメイド開発やパッケージソフトなどをカスタマイズして組み合わせて使うものなどさまざまです。さらに、開発体制も自社で開発するケースもありますし、システム開発会社に委託する場合もあります。
　本書では主にビジネス分野でのシステム開発にフォーカスを当てることにします。また、解説にあたってわかりやすくするため、開発の方法は、スクラッチを中心とします。見積りにおける受発注の関係を説明するために、開発体制はシステム開発会社に委託することを想定して説明します。
　スクラッチでのシステム開発は、パッケージソフトでは実現できない顧客企業の要望に対して、オリジナルのソフトウェアをオーダーメイドで開発することで実現するものです。
　新しいサービスなどではスクラッチしか選択肢がないケースもあります。スクラッチでのソフトウェア開発にあたっては、リソースや技術力の問題で第三者であるソフトウェア開発会社に開発を委託することがあります。その際、顧客と開発会社の間では、「どんなクオリティで、いくらで、いつまでに」という重要な合意事項（QCDの合意）について確認を行い、費用（期間）を算出します。このことを**見積り**といいます。その見積りに基づいて体制やスケジュールが組まれプロジェクトはスタートします。
　開発作業が完了すると納品が行われます。発注側が納品されたソフトウェアを検査し、必要な機能がそろっているか、要望は満たされているかなどを確認します。これを**検収**といいます。検収が終わると、納品が完了しサービスがリリースされます。プロジェクトは完了となり、開発会社は顧客企業に開発費の請求を行うことができるようになります。

納品までの流れと見積り

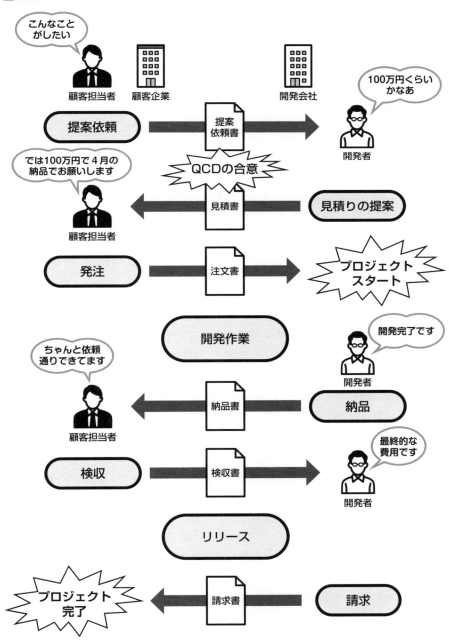

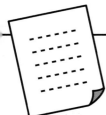
ソフトウェア開発の契約形態とお金の流れ

　前節ではソフトウェア開発における「納品までの流れ」を説明しました。続いて「お金の流れ」について説明します。

　見積りをどういう観点で作成して顧客や自社内に提示するかは、契約形態も密接にからんできます。ソフトウェア開発において、一般的な契約形態はいくつかあります。最も重要な契約形態は、**業務委託契約**と**請負契約**になります。この2つの違いは、「モノ」の対価として顧客から費用をいただくか、ソフトウェア開発という「作業」の対価として顧客から費用をいただくかです。結果、顧客に提示する見積書も「**モノの対価**」を見積もるか、「**作業量**」を見積もるかの違いが出てきます。

　お金の流れも同じように、「モノの対価」で支払われるか、「作業単位（主に時間）」で支払われるかによって変わります。本来、見積りは「もくろみ」でしかないので、必ずしも請求時の金額と同じである必要はありません。しかし、システムの発注側は開発側の見積りを「信用」して発注します。したがって、納得のいく理由がなく見積りと請求の金額が違うことはトラブルの元になります。

　たとえば、当初は「100万円で納品します」という見積りだったのに、何の説明もなく「200万円になりました」では、発注側は「わかりました」と支払うことはできません。つまり、見積りは「請求＝お金」と密接に関係しているのです。

　業務委託契約の場合の見積りは、原則「**何人が何ヵ月作業するといくら**」という見積りになります。そのため、見積りの要素であるSEの人数や作業期間が増えれば、その分の費用が追加で必要になります。開発する機能が変わっても、同じ人数・期間であれば見積りは同じです。

　一方、請負契約では工期やSEの人数では見積りは変わりません。請負契約は機能に対する見積りのため、機能の増減で金額の増減が決まります。また、請負契約の特徴として完成責任があり、開発会社は必然的に**完成責任に対するリスク**も見積りに含めなければいけません。契約によっては「遅延損害金」といって「納品が遅れた分だけお金を払いなさい」という契約条項がある場合もあります。

契約形態と簡単な見積りの記載例

業務委託契約

完成責任なし

開発作業の対価としての見積り

明　細	工　数	単　価	金　額
プロジェクトマネージャー	3人月	1,200,000	3,600,000
システムエンジニア	8人月	1,000,000	8,000,000
プログラマ	12人月	800,000	9,600,000

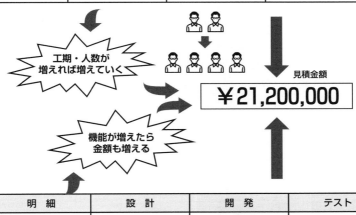

見積金額　￥21,200,000

工期・人数が増えれば増えていく

機能が増えたら金額も増える

明　細	設　計	開　発	テスト
機能A	1,000,000	2,000,000	1,000,000
機能B	2,100,000	10,000,000	2,100,000
機能C	750,000	1,500,000	750,000

工期・人数が増えても変わらない

請負契約

完成責任あり

リスク分を見積りに含める必要がある

システムの対価としての見積り

見積書の基本用語

　見積りの話が出るたびに、「**工数**」という用語をよく耳にすると思います。工数というのは見積りの基本となる「単位」です。「作業工数」ともいいます。

　また、工数とあわせて「**人月**」（MM：Man-Month）という言い方を聞いたこともあるでしょう。人月とは、最もよく使われる工数の単位です。これは、「1人の人」が「1カ月に作業できる量」のことで、おおむねSEの契約は月単位で行われることが多いため、1カ月単位で考えています。業界の慣習としてこの人月という工数の単位が、一番よく使われています。

　もちろん、もっと小さい単位で扱うこともできます。たとえば、エンジニアが1日でできる作業を基準とした場合には「**人日**」といいます。また、人月や人日は0.5人月、0.2人日などさらに細かい単位で扱うこともあります。

　「工数」「人月」に続いて基本用語となるのが「**単価**」です。この単価にはエンジニアの給料、つまり人件費を大きく反映したものになります。

　むろん、会社組織を維持・運営するためにはオフィスの家賃やパソコンの費用、電気代など、さまざまな維持費用（「販管費」といいます）が必要となります。そうした人件費を中心とした販管費を含んだ「事業を継続する上で必要な金額」を基に単価を算出します。

　また、「工数」「人月」「単価」に続いて「**粗利**」という言葉もよく出てきます。管理職以上の方は、常に会社から「粗利」を出すようにいわれていると思います。粗利は、「工数」と「単価」から開発費を算出し協力会社のエンジニアの「外注費」などを支払って残った「会社の収益」になります。

　右図を例に見てみましょう。見積金額が1,000万円になっています。この見積りが正確で、実際の請求額も1,000万円になったとします。このときに図の真ん中の表にあるように10人月の工数がかかっています。その上で1カ月の作業単価を70万円としています。結果、10人月で単価が70万円なので原価は700万円となります。したがって、粗利は300万円となります。つまり、「工数」×「単価」＋「粗利」＝見積金額といえます。

◼ 見積りと粗利

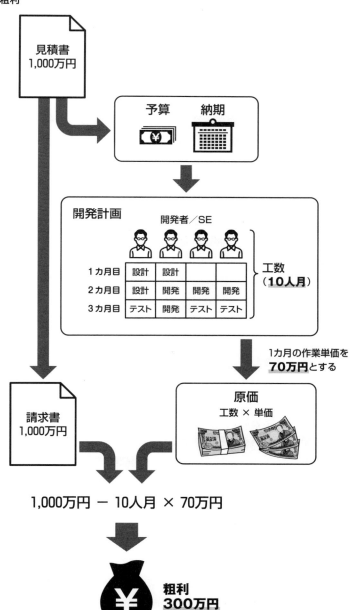

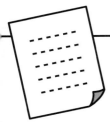
単価って何？

　前節で説明した工数の金額を出すために必要な要素が「**単価**」です。基準となる単価は会社で決まっていることが多いため、まずは自社の上司や営業部門に問い合わせてみましょう。

　もしも自社では基準となる単価が決まっていないときには、単価の算出から始める必要があります。このときには、まず**目標とする粗利**を設定します。一般的に事業を行う場合、どの産業でも30％以上を目標にすべきといわれています。

　ソフトウェア開発のコスト構造はほとんどが人件費です。人件費と一言でいっても、社会保障費や手当が必要なので、実際には給料の約1.3倍の額がかかります。たとえば月給が50万円だとすると、65万円程度が人件費となります。その他に販管費が20％程度は必要といわれており、これを加えるとコストは75万円となります。そこから30％の粗利を目指すとなると、単価は約107万円となります。

　通常、スキルや役割に対して単価帯が分かれています。たとえば、マネジメントやコンサルティングといった付加価値の高いノウハウを提供する場合には100万〜200万円の月額単価もめずらしくありません。一方、オフショアなどに代表されるようなプログラミングやテストなどの作業に特化していくと50万円以下の金額もよく見る月額単価となります。

　他社との競争原理上「業界標準」を意識するのはわかりますが、本来の売価という意味での単価は、自社の製造コストなど**内部要因に基づいて決めるべき**です。さもないと、常に相場を意識した「価格競争」の渦に飲み込まれることになりかねません。本来の受注単価の出し方は、可能な限り自社の実績によるべきです。1人月の価格は損益分岐点を算出し、販売価格を決定します。

　しかし、業界の悪慣習として「**基準単価**」が発注側で決められている場合があります。これでは品質を意識せずに単価だけで発注を決めることになりかねません。結果として品質の合意が得られず、プロジェクトが失敗することも多くなります。単価を顧客に伝える際には、単なる価格競争に陥らないために品質の説明を心がけましょう。

◼ 単価の概念図

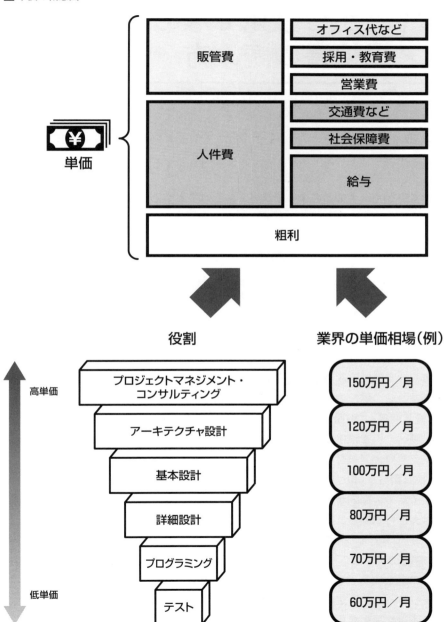

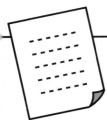

誰から誰宛てなのか？
見積書の読み方

　それでは実際の見積書を見てみましょう。基本を学んでもらうために、かなりシンプルで規模の小さい例です。デザインやレイアウトは会社によって違いますので、参考としてご覧ください。

　まず、見積書には「**宛先**」（①）が書かれています。この「宛先」というのは、わかりやすくいえばお客様になります。前述のように見積りは提案の一部ですから、提案先と言い換えることもできます。

　そして右上部には「**提案社（者）**」（②）が記載されます。いわば「見積もった会社（人）」＝「受注側のシステム開発会社」です。担当者の名前まで書く場合と社名や部署名にとどめる場合があります。右側の提案社名は、「宛先」より一段下げて書くことが多くあります。これは実務的な意味は少なく、「お客様を少し上に書く」という商習慣によるものです。

　宛先の下にあるのが「（主要な）**見積りの条件**」（③）です。前述の工数・単価の他に、納期や支払い条件、検収期日などが書かれています。ただし、こうした見積りの条件は別途個別契約書や基本契約書で既に顧客と合意している場合もあります。その場合には記載は不要となります。

　「**受渡期日**」（**納期**）（④）は受注者、つまり開発会社として作成したシステムを「顧客に引き渡す日」を示しています。その日に納品書とともに顧客に作成したソフトウェアが引き渡されます。

　「**検収期日**」（⑤）には、納品されたものに問題がないかどうかを顧客がチェックするための期間が記載されています。検収期日に定められた期間を使って、顧客は実際に納品されたシステムの「検収（受入れ）テスト」を行います。このテストはいわば検品作業です。「要件定義で定義した機能が盛り込まれているか」「大きな瑕疵がないか」などを確認します。こうした受渡しから検収を経て顧客が実際にお金を支払うまでの期間は下請法という法律で「（原則として）2カ月以内に支払うこと」と定められています。請け負った側が支払いを引き延ばされることで不当な損失を負うことがないようにされています。

■ 見積書の実例

御 見 積 書

2018年9月1日
No：20180901001

○○株式会社　御中 ──①

② ── 101-0041
株式会社オープントーン
東京都千代田神田須田町2-5-2
TEL：03-4530-6222
FAX：03-6368-4458

拝啓　貴社御依頼に対し下記の通り御見積り申し上げますので
何卒御用命いただきたくお願い申し上げます。
　　　　　　　　　　　　　　　　　　　　敬具

金　額	合計金額	¥12,746,000.−
	営業値引き	¥−746,000.−
	消費税額	¥960,000.−
	お見積金額	**¥12,960,000.−**	③

| 契約形態 | 請負契約 |
| 受渡場所 | 貴社御指定場所 |　──④
| 受渡期日 | 2018年9月末日 |
| 検収期日 | 受渡後30日以内 | ──⑤
| 御支払条件 | 検収月20日締　翌月20日現金支払い |

見積有効期限：発行日から30日
その他

件名	営業部　契約管理システム構築			
項目	内容	数量	単価	金額
1	要件定義			
	①詳細ユースケース作成	0.6人月	1,000,000	600,000
	②詳細業務フロー作成	0.3人月	1,000,000	300,000
	③要件一覧作成	0.3人月	1,000,000	300,000
2	基本設計／詳細設計			
	①データベース設計	0.4人月	1,000,000	400,000
	②画面デザイン設計、画面仕様設計	0.8人月	1,000,000	800,000
	③定義ファイル・設定項目設計	0.4人月	1,000,000	400,000
	④サイトデザイン	1.0人月	800,000	800,000
3	プログラム製造／テスト			
	①基幹プログラムモジュール	3.68人月	800,000	2,944,000
	②Web API	1.72人月	800,000	1,376,000
	③テスト仕様書作成／実施	2.65人月	800,000	2,120,000
	④セキュリティテスト	0.6人月	1,000,000	600,000
4	セットアップ等			
	①本番機上での動作検証	0.3人月	800,000	240,000
	②負荷テスト	0.2人月	1,000,000	200,000
	③セットアップ作業、他システム連携設定等支援	0.1人月	1,000,000	100,000
5	その他費用			
	①プロジェクトマネジメント費用	1.3人月	1,200,000	1,566,000
	合　　　計			12,746,000

―条　件　等―
・実現内容は、ご提案資料（提案書、御見積費用内訳等）に従ったものとなります。

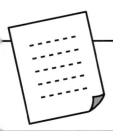
見積りの有効期限

　見積りの有効期限は、それほど重要視されていませんが、本来は大事な項目です。見積りの有効期限は原則、**その期限内であれば受注できる体制であること**を受注側が意思表明しているからです。

　前述のように人件費がコストの大部分を占めるソフトウェア開発では、エンジニアが「受注を待っている状態」もコストになってしまいます。そのため、システム開発会社の営業部門や経営側はこのアイドリング期間をなくすために、他の案件を受注したりします。そうなると、見積りを受け取っておきながら、いざ発注をしたら「当面は対応できません」と断られてしまうことになりかねません。そうすると発注側としては、改めて別の会社に依頼せねばなりません。コンペなどの場合には、複数の会社から見積りを取り、社内で繰り返し議論して選定した、その作業がムダになってしまいます。そうしたムダをお互いに減らすために見積りの有効期限を設定して、「この日までに返事をしてください」という意思表示をしておくことになります。

　ただし、見積りを提出したからといって必ず受注しなければならないという法律などがあるわけではありません。あくまでビジネス慣行としてできるだけスムーズに受発注が進むように、こうした見積りの有効期限内には発注をしてもらうように促しているのです。

　残念ながら、日本の会社組織ではシステム開発のような予算が数千万、数億ともなるような見積りの承認には3カ月、半年とかかることも少なくありません。時には、プロジェクトの期間より稟議の期間が長いとすらいわれています。また、発注部門とは別に調達部門が存在し、要件と予算の交渉を発注部門と行い、その後、調達部門と改めて価格の交渉を行うこともしばしばです。

　リソースをアイドリングできる期間としてはせいぜい1カ月くらいですので、見積りの有効期限は1カ月ということになります。ですが、上記のような事情から億単位の大きな規模の見積りになると3カ月は見込む必要があることが一般的です。そうした事情に合わせて有効期限を設定することが多くなります。

■ リソースのアイドリングのコストイメージ

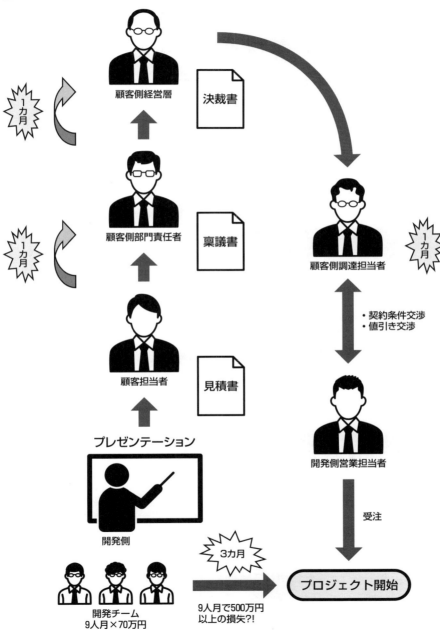

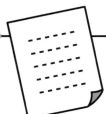

知っておこう！
主な見積りの手法

　ソフトウェア開発の見積りでは、しばしば見積金額の「**根拠**」が顧客と議論になります。特にこれまでITプロジェクトの発注経験がない顧客は、どんな見積りを出しても、「高すぎる」と捉えることが多いです。顧客には価格相場がわからないことに加えて、建築などとは違い目に見えるものがなく、「素材の単価」など絶対的な原価がないことが原因ともいえます。

　また、開発会社側にも問題はあります。同じ案件に対して、同じ会社のＡさんが作った見積りとＢさんが作った見積りの金額が違うというのもITプロジェクトではよくあることです。これでは顧客が納得感を持って見積りを受け入れることができません。そこで、ソフトウェア開発においては、こうした問題の解決の一助となるようにさまざまな見積手法が開発されてきました。

　そうして開発された見積りの手法にはいくつかの「分類」があります。プログラムの行数を予測する方法、何らかの基準を設けて機能数を測り、指標で予測する方法、作業時間を経験者に類推させてそれを積算する方法などです。それぞれの方法には一長一短があります。ITプロジェクトも千差万別で、「この手法を使えばいつも大丈夫」という手法はありません。適した手法を理解して採用していきましょう。

　また、時代の変遷とともに、そぐわなくなってしまった手法もあります。かつては**COCOMO II**などのように、プログラムの量を想定することで見積りが行われていました。このことはプログラミングに膨大なコストがかかった当時のシステム開発では当たり前のことでした。しかし、**IDE**（Integrated Development Environment：**統合開発環境**。Visual StudioやEclipseのような開発ツールのこと）の発達や**フレームワーク**の登場、**クラウド化**や**テストの自動化**などの取り組みによりプログラミングが占める開発コストの割合は低下し続けています。IDE上でフレームワークを使用して開発するのが主流になっている現在は、従来とは違った見積りの手法が必要となっています（従来の見積りの手法は第２部、新しい手法は第３部を参照）。

顧客に見積金額を納得させるためには

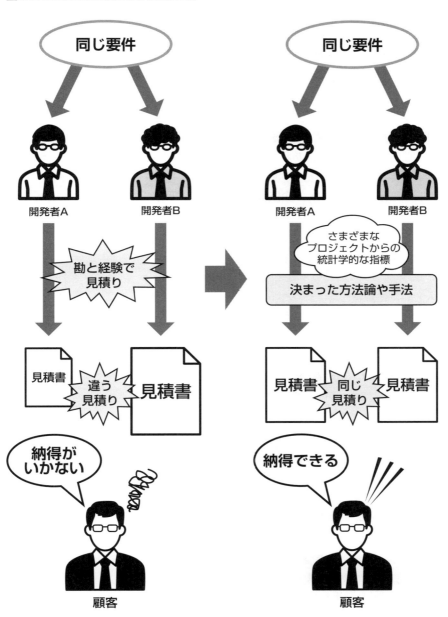

最も一般的な見積りの手法
積み上げ法

　それでは、具体的な見積りの手法について見ていくことにします。最初に取り上げる手法は**積み上げ法**（積算法）です。積み上げ法は、最も一般的な見積りの手法で、顧客との信頼関係があれば、簡単に金額の根拠も説明することができます。

　方法としては要件を設計に落とし、その要件を満たすための「**作業タスク**」を洗い出します。その上で、「**類似経験**」を基に、個別の作業タスクの作業量を予測していきます。見積りの精度を上げるためには、できるだけ細かいところまで決めていくことが必要です。たとえば、「Webで会員登録を行いたい」という要望を機能ごとの作業タスクに分解すると、

①Webブラウザ上に会員情報を入力する画面を用意する
②入力した会員情報をデータベースに保管する
③保管した会員情報の更新画面を作成する

などになります。そのタスクに対し、過去の経験などから工数を割り振っていきます。

①Webブラウザ上に会員情報を入力する画面を用意する
　　→設計1日、プログラミング2日、テスト1日
②入力した会員情報をデータベースに保管する
　　→設計0.5日、プログラミング1日、テスト0.5日
③保管した会員情報の更新画面を作成する
　　→設計1日、プログラミング3日、テスト1日

といった具合です。よって見積りの工数は11人日となります。

　ただし、この手法の特徴として、積み上げることで工数が膨らみやすいこと、取引が浅いなど信頼関係の薄い顧客との開発や、経験のない開発には向かないことが挙げられます。また見積りの精度を上げるためには、機能設計まで行う必要があり、見積り作成のコストが高くなりやすいといった欠点もあります。さらに、「類似経験」を基に工数を予測しているので、見積作業者の「類似経験」に精度が大きく左右される問題があります。

積み上げ法の仕組み

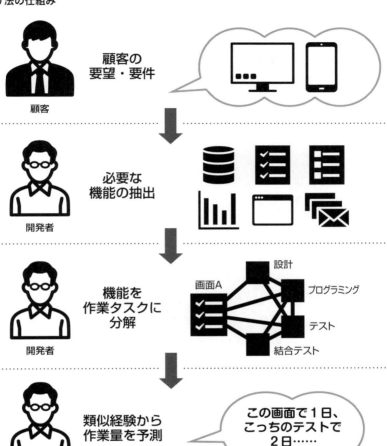

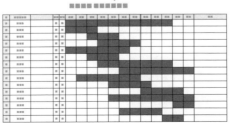

工数を集計

ユーザーにも受け入れられやすい手法 ファンクションポイント法

　ファンクションポイント（FP）法もよく知られている見積りの手法です。データベース項目や画面項目の数など、数えやすい外部接点機能数を通して見積りをする方法です。

　金額の根拠となるのが機能の数であるため、ユーザーにも比較的受け入れられやすいことが大きな特徴です。ただし、「複雑さ」や「先進性」を表現しにくいという欠点があります。そのため、企業向けの画面インターフェースとデータベースを組み合わせたようなシステムに向いています。

　最初にファンクションポイント法が提唱されたのは1979年です。その後、1990年代には、従来のコード行数による見積を実際のプロジェクトで適用することが難しくなってきたことにより一般に広まりました。

　積み上げ法同様に外部機能設計を進めることで機能数が正確になっていく特性があります。よって見積りの精度を上げるためには、要件定義だけでなく機能設計を進める必要があります。また、新しい技術の場合には1ファンクション当たりの適切な数値設定がわからず精度が低くなりやすいという問題があります。

　ファンクションポイント法の計測の仕方としては、まず**アクター**を抽出します。アクターとはシステムの利用者などです。そして、次にアクターとの外部接点（**インターフェース**）の数を抽出します。まずは、ユーザーと一緒に、画面項目やデータベース項目などを洗い出すのが一般的です。

　注意すべき点はアクターを人の動作だけに限定しがちになることです。しかし、実際のアクターには外部システム連携などユーザーが気付かない要素が非常にたくさんあります。したがって、エンジニアはユーザーの要件を実現するために必要な機能を、ユーザーが気付かない部分にまで洗い出していく必要があります。そうして洗い出したインターフェースごとに「ファンクションポイント」を割り振り集計します。10項目以下のテーブルであれば「10」、5項目以下の画面なら「3」など、基準に沿って割り振ります。ファンクションポイントの集計値に調整係数を掛けて見積工数を算出します。

■ ファンクションポイント(FP)法の仕組み

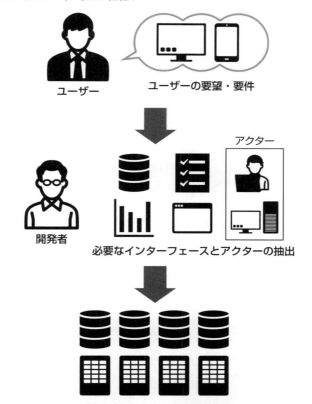

COLUMN

概算見積りってどうやるの？

「取りあえず予算感を知りたい」という顧客からの声が多いため、当社では簡略化したファンクションポイント法に近いやり方で、概算見積りをしています。簡単な画面は5人日、難しい画面は20人日などと決めて、顧客の想定する機能画面の数で算出します。その上で、経験上、機能画面の倍以上の管理画面やマスターメンテナンス画面などが必要になるので、ざっくり「その倍」として概算を算出しています。

近年、「納品のないシステム開発」が話題になりましたが、当社の場合には「見積りのない業務委託」という様式も採用しています。この方法は顧客との信頼関係が重要なファクターになりますが、大変オススメの手法です。顧客のビジネスを決定づける事業計画を基に予算の枠だけ決めてしまい、その中で「そのときに要件を話し合って決める」方法です。たとえば、顧客の事業計画のシステム開発予算は毎月300万円が限度だとします。この300万円を上限として予算の枠だけを決めて開発チームを作り、スクラムツールを使用して2週間ごとに機能をリリースします。

新しいサービスなどは事前に要件を決めきるのは顧客にとっても至難の業なので、最も開発スピードを上げられる手法として活用しています。

第1章のまとめ

① 見積りとは作業量の予測である。予測するためには顧客から機能要件、非機能要件をヒアリングして要件定義を行う必要がある
② 見積りにあたり、主要なソフトウェア開発の契約形態は業務委託契約と請負契約の2種類があり、金額を算出する方法が異なる
③ 見積りには工数、人月、単価、粗利といった基本用語がある
④ 見積りを書面で作成すると、金額だけではなく見積条件や受渡期日、検収期日などの項目がある。有効期限も重要な情報である
⑤ 見積りの手法で最も多く用いられているのは積み上げ法で、他にもファンクションポイント法などがある

第1部
見積りの基本

第2章
はじめての見積り

　これまでの基礎知識を踏まえて実際に見積りをしてみましょう。見積りの方法は「積み上げ法」を使用します。

　積み上げ法ではまず、要件を抽出します。次にできるだけ細かく要件を満たすためのタスクに落とし込んでいきます。ひとつひとつのタスクの作業時間を予測し、その予測した作業時間を積算して見積りとなるのです。

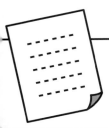
要件を書き出す

　はじめて見積りを作成するにあたって、まず皆さんは何をしたら良いでしょうか。11ページの図にあるように、見積りはどんな方法を使うにしても、最初は**要件定義**から始まります。作業量の予測が見積りなので、まず作業の中身を決めていかなければいけません。したがって、最初に要件定義に取り組む必要があります。

　10ページで説明したように、要件定義を実施し、機能要件と非機能要件を抽出しましょう。その結果を要件一覧として書き出していきます。**要件**とは、「ユーザー（顧客）がしたいこと」です。たとえば、「自社の商品をインターネットで販売したい」とか「営業マンがExcelで作る契約書を自動化したい」などといったことです。こうした「ユーザー（顧客）がしたいこと」をヒアリングすることが、見積りの最初のフェーズになります。

　要件のうち、具体的にユーザーができることを書き出したものを「**ユースケース**」といい、そのユースケースの大きさを「**粒度**」といいます。たとえば、粒度の大きなユースケースは「会員登録ができる」となります。「会員登録をする」中の「会員情報を入力できる」「登録時に確認画面が出る」は、粒度の小さいユースケースとなります。

　ユースケースの粒度をできるだけ細かくして必要なタスクとその難易度や手間を洗い出していく作業が積み上げ法の特徴です。つまり見積りの最初の仕事は、顧客の要望・要件のヒアリングとその深掘りといえます。要件を掘り下げれば掘り下げるほど正確な仕様が判明し、見積りの精度は上がります。たとえば、IDとパスワードだけのシンプルなユーザー登録と、住所や職業などの多数の項目があるユーザー登録とでは見積りは異なります。一方で、要件を掘り下げていくことは基本設計を進めることと同じです。開発側の見積り作成コストは掘り下げることで増大してしまいます。ユーザー側も関連資料を作成したり、打ち合わせを繰り返したりとコストが高くなっていきます。見積り作成にコストをかけすぎないように注意しながら進めていきましょう。

要件の粒度と全体図

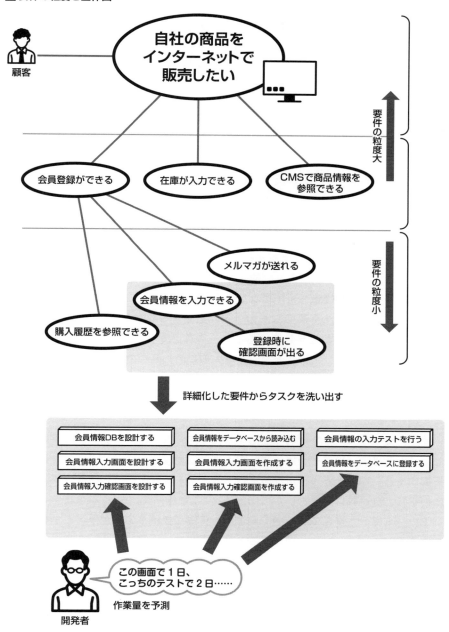

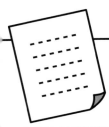
具体的な要望を見える化しよう

　抽出したユースケースや要件、具体的な要望は**見える化**をしましょう。見える化の方法としては図や表にすることが挙げられます。前節で説明したように、実際の画面レイアウトなども作成できればそれに越したことはありませんが、その分見積り作成のコストが膨らんでいきます。提案にかけられる期間やコストを顧客や上司と相談して決めていきましょう。

　見積りをする際に最低限必要な資料は、**機能（非機能）要件一覧**と**アーキテクチャ構成図**、そして粒度の大きい**フロー図（アクティビティ図）**と**プロジェクト体制図**（以下、体制図）、**スケジュール**です。

　図や表にすることで、顧客や開発メンバーとの情報共有が可能になるだけでなく、**見積りの範囲の提示**も可能になります。

　システム開発はとても高価なものです。発注する顧客側はいつも「高すぎる」と思いながら打ち合わせをしているといっても過言ではありません。そのため、システム開発会社がリスク回避や収益増大のために高めの見積りを出しているのではと思いがちです。そうした誤解を解くために、定めた要件やシステムイメージを図示して、**何にどれだけかかっているかをできるだけ明白にする**必要があります。

　また、文章や表だけではなく図にすることで、過不足が視覚的に把握しやすくなり、顧客はより納得感を持って、実現できる見積りの範囲や必要となる予算を把握することができるようになるでしょう。また、費用の調整を進めていくときに何を残さなければいけないか、何が削れるかも判断しやすくなります。

　プロジェクトが進んでいく中で発注した作業が見積りの範囲かどうかをはっきりさせるときにも、図にしておくことは非常に助けになります。文章でのユースケースは情報が少なく、後日「どちらとも取れる記述」になりがちです。機能（非機能）要件一覧、アーキテクチャ構成図、アクティビティ図では「何を作るか」を表現できます。プロジェクト体制図やスケジュールでは「どうやって作るか」を記載します。

◼ 見積りを作る上で必要な図表

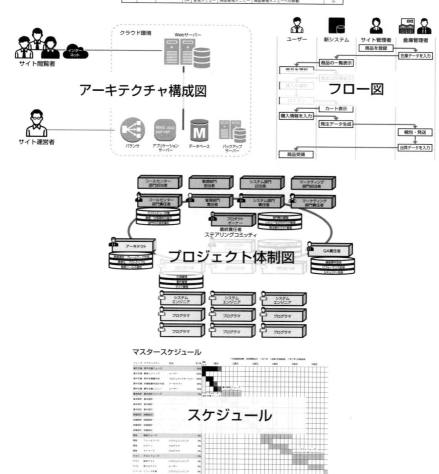

第2章 はじめての見積り

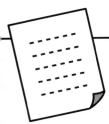
機能要件・非機能要件一覧で見積りの範囲を明確にする

　前節で挙げた見積りに必要な資料5つのうち、「機能（非機能）要件一覧」にはどんなことを記載すれば良いのでしょうか。

　機能（非機能）要件一覧には、次ページの上表にあるように**ユースケースを書き並べる**必要があります。進め方としては、まずユーザーの要望を書き連ねる形で作り始め、その後、その要望を整理して表にします。

　このとき、顧客はユーザー向けの機能を中心に考えがちです。たとえば、商品を表示する画面の構想は練れているが、それを登録する管理画面はまったく考えていないことなどがよくあります。そこで、次に**SEの視点から見てマスター登録や管理機能などを洗い出し、粒度を細かくしていきます**。現実的な粒度は顧客と「やる・やらない」を議論できる程度の粒度です。たとえば、次ページの上表を見てください。U-01「ログイン」機能を「ログイン」と「パスワードリマインダー」の機能に詳細化しています。このように詳細化し、要件を分けることで、予算に応じて実装するかどうか顧客と再検討します。そうしてできた機能要件一覧の右端の列に「概算工数」を大・中・小などで記入し、顧客と最終的な要件を決めていきます。

　同時に重要なのが非機能要件一覧です。可用性、パフォーマンス、セキュリティなどを記載します。特にヒアリングでは非機能要件が漏れがちです。非機能要件は見積りに大きな影響を及ぼすので記載漏れがないように注意しましょう。

　たとえば、可用性について考えてみます。顧客のシステム要望として、「24時間365日使用できること」がしばしば要求されます。しかし、技術的側面から見れば、非常に困難な要求です。月次バッチ処理があるケースでは、ユーザーが使用している真っ最中に月次締処理が走ると、データを壊してしまう可能性があります。それを防ぐためには、データベースを2つに分けて確定まで保管しておくなど、何がしかの仕組みが必要になります。また、テストも大変複雑になります。

　本書では最低限度必要な非機能要件の例として挙げることにします。実際にはIPAが公開している「**非機能要求グレード**」などを参考にすると良いでしょう。

▣ 機能要件一覧の例（詳細）

機能一覧							
機能ID	機能分類	機能名	No.	新機能		機能要件（ユースケース）	概算工数
				機能名	機能説明		
U-01	ユーザー機能	ログイン	01	ログイン	登録済みメールアドレスでログインできる	ログインIDとパスワードでログイン認証が行われること	小
			02	パスワードリマインダー	パスワード忘れの対処	設定済みアドレスにパスワードの初期化メールが送付されること	小
U-02	ユーザー機能	マイページ	01	マイページ	ユーザーメニュー	ユーザーメニューとカートの内容、お知らせを表示	大
			02	ユーザーメニュー	個人情報確認・変更	名前、住所、電話番号、送付先、メルマガ送付が確認・変更できること	中
			03	ユーザーメニュー	ログイン情報確認・変更	パスワードやメールアドレスの変更が可能なこと	小
			04	ユーザーメニュー	購入履歴の確認	過去の購入履歴が一覧表示されること	中
			05	ユーザーメニュー	カートの表示	カートの状態を表示	大
M-01	管理機能	ログイン	01	ログイン	社員番号でログインできる	管理画面で社員番号とパスワードでログイン認証が行われること	小
			02	ログイン	セキュリティロック	5回以上パスワードを間違えるとアカウント凍結	小
M-02	管理機能	管理メニュー	01	管理ページ	管理メニュー	管理メニューとお知らせを表示	中
			02	管理メニュー	管理ユーザー登録変更	社員番号とパスワードを登録できる	小
			03	管理メニュー	ユーザー登録変更	ユーザーの情報変更メニューへ	中
			04	管理メニュー	商品管理メニュー	商品管理メニューへの移動	小

▣ 非機能要件一覧の例

分類	項目	要望	実現可否
可用性	想定利用時間	業務日の9時から20時	容易
可用性	停止可能時間	休業日の24時から6時まで	普通
可用性	サービス復旧目標	2時間以内	難
可用性	バックアップ	毎日取得	難
可用性	バックアップ保管	2週間分	普通
可用性	冗長化	全機器二重化	普通
パフォーマンス	利用者数	300名	普通
パフォーマンス	同時アクセス数	30名	難
パフォーマンス	想定データ件数	1日2,000件程度	普通
可用性	データ保管年次	3年	普通
パフォーマンス	目標レスポンス	3秒以内	普通
セキュリティ	通信暗号化	SSL通信	容易
セキュリティ	データベース暗号化	不要	難

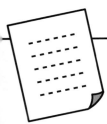
システムの役割を明確にする

　本節では、フロー図とアーキテクチャ構成図について説明します。

　フロー図（アクティビティ図）は、ビジネス全体の流れとシステムの役割をはっきりさせます。新規システムの要件では、「いつ、どこで、誰が、何のために、どうやって使うのか」（5W1H）がはっきりしていないことがよくあります。フロー図は、そうした**全体の流れを明らかにする**のにとても役立ちます。たとえば、「eコマースのシステムを新たに作る」というシステムを見積もるとしましょう。その際に、在庫管理システムから自動的に商品情報を取ってきて表示するのか、管理画面からCMS（Content Management System：コンテンツ管理システム）で担当者が入力するのかでは大きな違いがあります。

　また、顧客ヒアリングでは直接ユーザーが触れる機能が先行して、外部通信などの見えない機能が忘れられがちになります。「アクター」として外部システムや他システムへ記載することで、見積りから漏れがちな**「見えない機能」を明確**にします。

　アーキテクチャ構成図は大枠での技術要素を明らかにします。Webベースなのか、言語は何か、オープンソースのフレームワークなのか、テスト自動化ツールは利用可能かなどは、詳細な見積りの工数に影響を与えます。

　新技術などを使用する場合には調査やプロトタイプを作るための工数も必要になります。実際にやってみて起こり得るリスクが事前に見積もりきれず、いつもより多めの調査工数やバッファが必要になることもしばしばです。

　また、ライセンス料など**システムの維持にかかる費用を見積もるため**にも重要な資料になります。システム開発では開発費に目がいきがちですが、5年、10年と使用し続けるための**運用コストの検討**は非常に重要です。顧客は開発費だけでなく、運用費まで含めた全体の予算を考慮して費用対効果を検討しなければいけないからです。

　アーキテクチャ構成図は、納品後の運用を開発会社が行うような場合には、今後の運用方法を検討するための手がかりにもなります。

■ フロー図の例

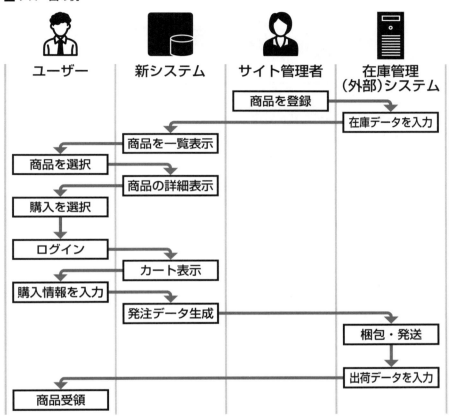

■ アーキテクチャ構成図の例

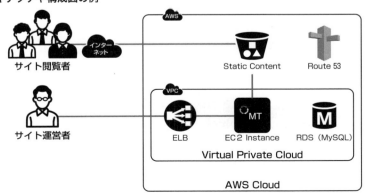

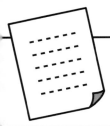
体制図で役割を明確にする

　見積りをする際に意外に知られていないのが**体制図**と**スケジュール**の重要さです。前節までの資料は「何を作るか」をはっきりさせる役割があります。対して、体制図とスケジュールには、**「どうやって作るか」**をはっきりさせる役割があります。

　まずは体制図について説明します。体制図の一番大きな役割は開発会社側、顧客側の**最終責任者をはっきりさせること**です。また、顧客の関わり方や人数なども盛り込まれます。

　特にアジャイル開発で用いる「オンサイト顧客」では、顧客もプロジェクトメンバーの一人です。要件や仕様を確定するための資料作りなどのほか、検収はもちろん、サーバー環境の手配や端末の購入なども顧客の役割になります。特に大きなプロジェクトの場合には顧客側にもそれなりの人数が必要です。また従来型の日本の企業では、書面でのアサイン（任命）がないと、システム開発や要件を決めるステアリングコミッティなどのミーティングに協力してもらえない場合もあります。担当者として明確にアサインする意味でも、顧客サイドも含めた体制図を作る必要があります。

　体制図作りのポイントは、次の通りです。

- 顧客、開発会社とも責任者をはっきりさせる
- 協力が必要な（特に顧客側の）担当者や部門が記載されている
- 品質や進捗など俯瞰的にチェックするためにメンバー外の要員を置く

　逆に、作業者の正確な数や、その作業期間などはあまり意味がありません。実際にプロジェクトが進んでいく中で適切に任命できる体制であることが重要です。

　また、顧客側の体制をどう記載するかは開発会社側にはわからないので、想定される役割、たとえば「営業部門責任者」とか「コールセンター部門責任者」など、役割名で記載しておけば十分です。

体制図のイメージ

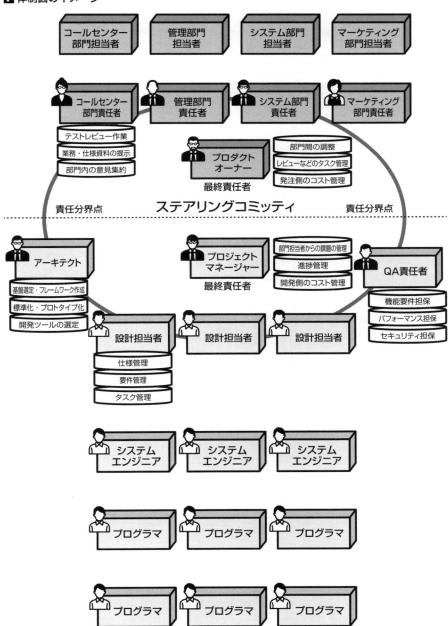

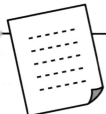
マスタースケジュールでフェーズの全体像を共有化

　続いて**マスタースケジュール**について説明します。「マスター」と付けているのは、人ごと作業ごとの細かいスケジュールではなく、プロジェクトの開始と終了、主なフェーズ単位の時間軸での計画を示す一番粒度の大きいスケジュールになるからです。案件の規模にもよりますが、月単位もしくは週単位以上の規模になると思います。20ページで見積りの重要な要素として「納期」を挙げましたが、当然スケジュールの中には納期についても記載されています。マスタースケジュールの作り方ですが、まずはフェーズを配置し、その中に前述の機能（非機能）要件一覧で作成した機能を配置していきます。ただし、まだ見積りのための計画ですから、スケジュールの粒度は「ログイン機能」「ユーザーメニュー機能」程度の機能レベルで構いません。その粒度で算出した見積工数を基に、要件定義、基本設計、詳細設計、開発、テストなどのフェーズの中に配置していきます。

　その際にポイントとなるのが、**最初のマスタースケジュールは顧客要望をいったん無視して要件をフェーズごとに機能単位で積み上げて作成すること**です。見積りの際には事前に顧客の希望納期が提示されていることがあります。しかし、顧客の設定している希望納期はビジネス的な事情により決定している場合がほとんどです。そのため、実際の機能の数や工数とは何の関係もありません。SEは機能の数や工数からそうしたビジネス都合の納期との乖離を算出し、調整しなければいけません。費用を機能要件一覧で調整したように、時間という概念について、マスタースケジュールを基に顧客と調整することになります。開発会社から提示されたスケジュールを基に顧客も社内へのマニュアル作成と展開の準備が間に合うか、新サービスの場合にはプレス発表やCMの開始時期をどうするかなど、さまざまなビジネスタスクの検討が可能になります。

　また、第1章の「見積りの有効期限」で説明しましたが、顧客側で発注検討が長引くこともあります。このときマスタースケジュールを見れば、スケジュールがそのまま後ろに倒れていくことも把握できます。つまり、「早く発注いただかないと希望納期に間に合いませんよ」というメッセージにもなるのです。

第2章 はじめての見積り

■ マスタースケジュールの例（詳細）

凡例: ■計画継続期間 ■実績開始日 □完了率 □実績（計画超過）□完了率（計画超過）

フェーズ	アクティビティ	担当	完了率
要件定義	要件定義フェーズ		
要件定義	顧客ヒアリング	ユーザー	100%
要件定義	要件定義書作成	プロジェクトマネージャー	100%
要件定義	非機能要件設計作成	アーキテクト	85%
要件定義	要件定義レビュー	ユーザー	35%
基本設計	基本設計フェーズ		0%
基本設計	基本設計:ロゲイン	システムエンジニア	0%
基本設計	基本設計:マイページ	システムエンジニア	0%
基本設計	基本設計:レビュー	ユーザー	0%
詳細設計	詳細設計フェーズ		0%
詳細設計	詳細設計:ロゲイン	システムエンジニア	0%
詳細設計	詳細設計:マイページ	システムエンジニア	0%
詳細設計	詳細設計:レビュー	ユーザー	0%
開発	開発フェーズ		0%
開発	フレームワーク	システムエンジニア	0%
開発	ロゲイン	プログラマ	0%
開発	マイページ	プログラマ	0%
テスト	テストフェーズ		0%
テスト	結合テスト	システムエンジニア	0%
テスト	受入れテスト	ユーザー	0%
リリース	リリース作業	システムエンジニア	0%

期間: 1週目（要件定義フェーズ）／2週目（基本設計フェーズ）／3週目（詳細設計フェーズ）／4週目／5週目（開発フェーズ）／6週目（テストフェーズ）

見積もる前に現状確認を

　要件を表にし、見積範囲を図示し、さまざまな図表を使って見積りが説明できる状態になりました。機能（非機能）要件一覧ができ、フロー図でシステムの利用場面を図にし終わったら、図を見返して「現行システム」と突き合わせて実現する機能に漏れがないか確認しましょう。

　たとえば、右図のように物販をeコマースで実現するケースを考えてみます。現行業務ではすべて店舗にあるPCのExcelで管理しているとします。この場合には、Excelファイルが「現行システム」です。開発したソフトウェアではなくても、現在その業務を担っている仕組みを現行システムと捉えて分析が必要です。

　開発プロジェクトでは「**As is**」と「**To be**」という言い方もします。現状と未来という意味の通り、「顧客がどうやって業務をしているか（現状）」と「今後システムを導入することでどうしたいか（未来）」を確認します。このように顧客が気付いていない要件も含め、多面的に実現可能性を検討することを「**フィジビリティ**」といいます。

　特に開発している新システムの担当者が現行システムの担当者と異なるときは要注意です。こうした場合には、「As is」の多くの業務上必要な要件を見落としたまま「To be」が検討されていることが多いのです。

　右図のように新eコマースシステム自体には新しい要望・要件がたくさん詰まっているかもしれません。しかし、「As is」のシステムは現状の業務を進めるために、新システムの担当者の目に見えているよりはるかに多くの機能を持っていることがあります。

　右図の事例であれば、店舗内の在庫管理用のExcelファイルからは商品を補充するために工場への注文書を自動生成する機能があるかもしれません。その機能は、明らかに事業を維持・運営する上で必要な見積りの対象機能です。にもかかわらず、「新システム担当者はそのことに気付かない」ということはよくあります。結果、見落としたまま要件を定め見積りをした結果、重大な機能不足があるとしてトラブルになるケースがよくあるのです。

開発する新システムと現行システムを確認する（フィジビリティ）

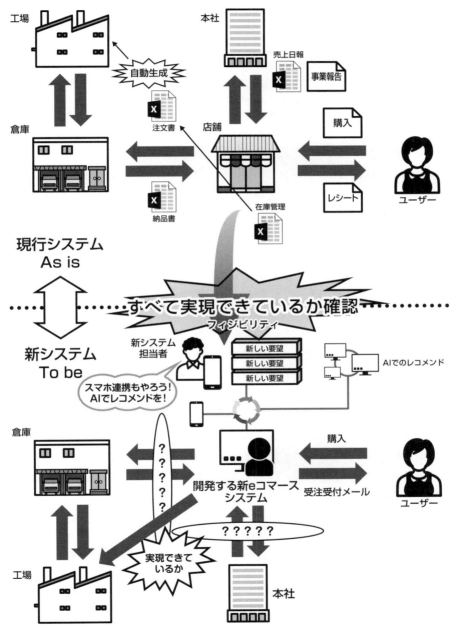

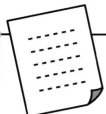

システム開発における作業フェーズ

　第1章で要件を抽出し、その要件をフェーズごとに分解し積み上げる方法が積み上げ法だと説明しました。それでは1つの要件がフェーズの中でどの程度の工数が必要なのかはどうやってわかるのでしょうか。

　そのためには、まず**フェーズ**について知る必要があります。フェーズというのはシステム開発上の「作業の大分類」になります。一般的なウォーターフォール開発でのフェーズ構成は、要件定義、基本設計、詳細設計、開発、テスト、リリースなどになります。これらのフェーズは会社ごとや、金融や医療といった業種ごとに言い方が変わったりします。

　特にテストフェーズは単体テスト、結合テスト、システム間テスト、ユーザー（受入れ）テストなど、さらに複数のフェーズに分かれています。テストフェーズは略号で呼ばれることが多く、「IT1」「IT2」「UT」「ST」などさまざまな言い方があります。呼び方はそれぞれですが、「プログラミング単位でのテスト」→「複数のプログラムをつないで動かす機能単位のテスト」→「複数の機能をつないでユースケースを実現するシナリオテスト」→「ユーザーが実際に業務をイメージして作業するテスト」の順になります。

　積み上げ法ではフェーズの中にある**タスクごと**に工数を見積もります。そのため、見積りにフェーズ構成は影響します。このフェーズ構成の複雑さはプロジェクトの規模やミッションクリティカル性などで決まります。したがって、金融や医療分野などのシステム開発、特にテストフェーズが通常のプロジェクトより長く設けられることになります。

　また近年では詳細設計を実施しない、もしくはツールでの自動生成にとどめる手法も多く見受けられます。たとえば、アジャイル開発のオンサイト顧客によるプロジェクトの場合などです。一緒に画面を見ながら仕様を練り上げていくような進め方の場合には、詳細設計と開発を短期間で反復しながら工程管理を行ったりします。このようにプロジェクトの特性によってフェーズ構成が変わり積み上げる作業の量と数が変化していきます。

■ 一般的なウォーターフォール開発でのフェーズ構成

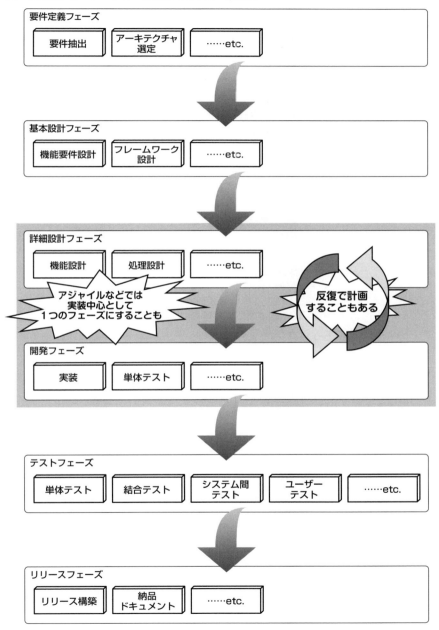

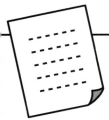
フェーズとタスク

　積み上げ法は機能（非機能）要件一覧を作り、その各ユースケースの作業をフェーズ単位で予測して見積もる方法です。前節では、そのフェーズについて説明しました。

　では、そのフェーズ単位の具体的な工数はどうやって見積もるのでしょうか。実際に、比較的小さなプロジェクトでのウォーターフォール開発を例にして具体的な工数の出し方を見てみることにします。10人月以下の規模で要件定義フェーズ、基本設計フェーズ、詳細設計フェーズ、開発フェーズ（単体テストを含む）、テストフェーズ（結合テスト、ユーザーテストのみ）、リリースを行う例とします。また、見積りの対象範囲は要件定義以後のすべてとして一括で受託する場合を想定します。

　フェーズ単位に要件を切り出した後、工数を積み上げるためには、さらにフェーズをタスクに分解する必要があります。タスクというのはフェーズの中での具体的な作業です。

　右図を見てください。「自社の商品をインターネットで販売したい」という大きなビジネス要件があります。その要件の粒度を細かくして見積りを可能にします。右図の例では、「会員登録ができる」という要件をさらに細かくして「会員情報を入力できる」としています。粒度を細かくした要件からフェーズごとの作業が導き出せます。それが**タスク**です。

　右図の例でいうなら、基本設計フェーズでは「会員情報DBを設計する」というタスクが必要だとわかります。詳細設計フェーズでは「会員情報画面を設計する」と「会員情報入力確認画面を設計する」という2つのタスクが必要であることがわかります。

　このように「会員登録ができる」という機能レベルの要件から5つのフェーズでたくさんのタスクが抽出できます。このタスク単位での作業量を経験に照らし合わせて算出し積み上げるのが積み上げ法の進め方です。その見積りの結果を34ページで紹介した5つの資料に反映して見積りを作成します。

■ フェーズとタスクの例

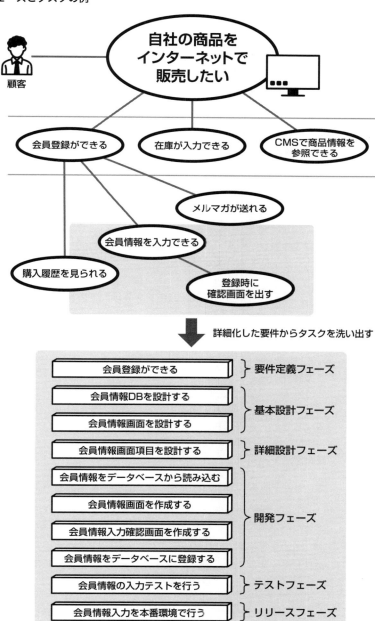

■ 一般的なフェーズとタスクの種類（例）

フェーズ	タスク	概　要
提案フェーズ	見積り作成	機能（非機能）要件一覧作成、アーキテクチャ構成図作成、マスタースケジュール作成、開発体制図作成、フロー図作成
要件定義フェーズ	要件抽出	機能要件抽出（詳細ユースケース作成）、非機能要件抽出（セキュリティやパフォーマンス、運用コスト）、詳細業務フロー作成、As is・To beモデル作成
	アーキテクチャ選定	システムインフラ選定、フレームワーク選定、IDE決定、開発環境構築、プロトタイプ作成、構成管理構築
	プロジェクト運営基盤構築	仕様共有基盤作成、仕様書例作成、課題・タスク管理基盤作成、会議体構築
基本設計フェーズ	機能要件設計	画面設計、画面フロー図作成、データフロー図作成、データベース設計（ER図作成）、バッチ基盤設計、外部連携設計
	フレームワーク設計	MVCモデル（デザインパターン）作成、例外処理方法設計、ロギング設計、テスト設計、開発サーバー構築
詳細設計フェーズ	機能設計	画面項目・機能設計、DB項目設計、パラメータマトリックス作成
	処理設計	バッチ処理設計、設定ファイル設計、バリデーション設計
開発フェーズ	実装	画面作成、データベース実装、バッチ実装
	単体テスト	開発テストコード記述、自動化構築
テストフェーズ	結合テスト	シナリオ作成、外部連携環境構築、テストサーバー構築
	ユーザーテスト	シナリオ作成、実施支援、発生課題・不具合対応
リリースフェーズ	リリース構築	自動デプロイメント構築、設定書類作成、バッチ構築、バックアップ構築、運用テスト実施、本番サーバー構築
	納品ドキュメント作成	納品設計書整備、ユーザーマニュアル作成、インストール手順書作成

◼ 実際の工数記入例

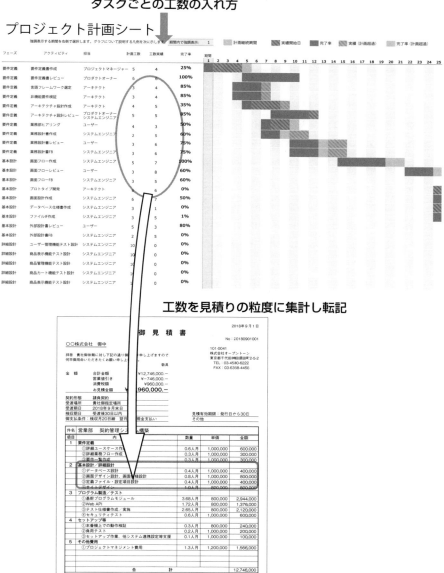

タスクをスケジュールに並べてみよう

　42ページで説明した見積資料のひとつとして顧客に提出するフェーズ単位でのマスタースケジュールとは別に、見積りにあたっては**実際のタスクを配置した開発スケジュールを作成する**ことをオススメします。納期や金額を最終的に提示するにあたって必要な要員などを含む開発体制が見えてくるからです。

　実際にスケジュールにしてみることで、より見積りの精度は増します。たとえば、10人月を2人で5カ月かけるのか、3人で3カ月かけるのかは、ビジネス的な納期要件、費用やリソースの問題など複数の要因がからみ簡単には決められません。しかし、スケジュールに明記することで、「**プロジェクトの開発体制**」が見えてきます。

　このとき、最初に「**開発サイドから見た最適プラン**」を作成します。そうしないとコストを下げたい営業サイドの要望や、早くリリースしたいユーザーサイドの要望に強く引きずられて正しい見積りにならないからです。したがって、必ず一度は「開発サイドから見た最適プラン」を見積りとして作成し、その上でトレードオフする要件を決めていきましょう。コストが膨らんでもいいので、早くリリースをしたいのか（＝スピード）、機能や品質を削ってでもコストダウンして開発したいのか（＝コスト）など、**何を捨てて代わりに何を選ぶのか**を考えることが重要です。

　近年、特にスピードを重視する顧客やプロジェクトが増えています。むろんいくらスピードを重視するといっても、「100人月を100人体制で実施すれば1カ月で終わる」わけではありません。通常25％の壁といわれる法則があり、それ以上は体制を厚くしてもコストが膨らむばかりであまり早くはならないことが実証されています。

　それではスケジュールを実際に書き出してみましょう。当社ではMicrosoft ProjectやBacklogなどのツールを通常使用しています。本書では特に推薦ツールは設けていませんが、実際の現場ではやはりExcelの利用場面が最も多いと思いますので、ここではExcelで作成したものを例とします。

第2章 はじめての見積り

■ Excelで作成したスケジュールの例

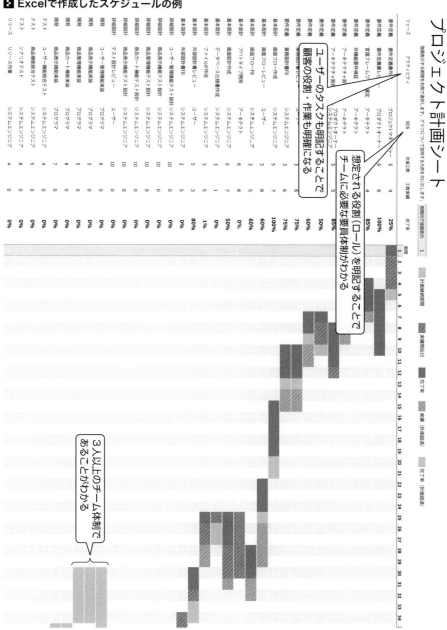

リスクを把握して作業バッファを削る

　第1章で積み上げ法での課題として「工数が膨らみやすい」という話をしました。

　実際、システム開発には小規模でも膨大なタスクがあります。たとえば外部連携構築などが典型ですが、設計した通りに1回で動くことはほとんどありません。「連携先の仕様書の通りにデータを送付しているのにエラーしか返ってこない」ということがほぼ起こります。そのため、外部連携のようなリスクの高いタスクはエンジニアとしては作業工数が2日くらいだなと思っても、余裕を持って**バッファを積む**ことになります。このことはリスクの低いタスクでも同じで、「さまざまな痛い目」を見てきたベテランほどバッファをあちこちに入れていきます。結果、見積り全体の工数を50〜100%程度押し上げることもままあります。

　たとえば、2日間で作成する画面があったとします。仕様書が間違っていたり、別の箇所で技術的なトラブルが起こったりした場合の念のためリスクに備えて、2日で終わる作業を2.5人日の見積りにすることは、さほど大きな影響はありません。ところが、200画面あるプロジェクトで「念のため」1画面ごとに0.5人日余計に確保した場合、全体の予算・工数がどれだけ膨らんでしまうかわかるでしょうか。この場合、延べ100人日がバッファとなってしまいます。

　システム開発のリスク低減という観点ではまったく正しいのですが、多くの場合にはそれでは営業的に受注競争力が著しく削がれることになります。したがって、実際には**「リスク」を把握した上でバッファを削っていく**ことになります。

　そのため、いわゆる概算見積りといわれる初期見積りでは、かなり多めの工数が出る傾向があります。そこからヒアリングを繰り返し細かく詰めていくことでリスクが解消されて、バッファを取り除くことができるようになり、実際の計画に近い工数が出てくるようになります。

　実際の進め方としては、最初はバッファを含めて見積りを行い、作業スケジュールを作成して構いません。結果、エンジニア自身も驚くほど膨大な工数になるので、改めて「どんなリスクか」を確認して減らしていきましょう。

▣ 作業バッファが積算されていく

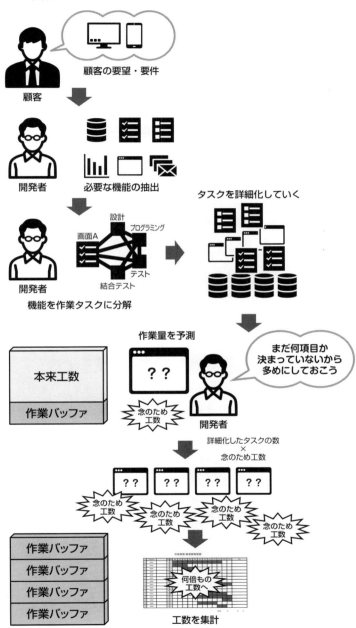

COLUMN

フェーズって現場ではどうしているの？

　アジャイルを多用する当社でもフェーズ構成自体は大きくは変わらず、要件定義、設計、開発、テストの流れになります。その中の詳細設計と開発フェーズを反復的に進めていく形になります。

　ただし、近年大きく変わりつつあるのが詳細設計フェーズを省いたり省力化したりしている点です。本文中でも、IDEの発達などが開発コストの低減に寄与していることを説明しました。

　IDEの大きなメリットのひとつは、開発者がクラスやメソッドをたどるときにさまざまな補助機能により簡単にたどれることです。そのため、昔のように膨大な個別クラス図を確認したり、メソッドごとの振る舞いを書いたフロー図（シーケンス図）を追ったりする必要がなくなりました。その結果、膨大な「個別クラス図」や全メソッドの「シーケンス図」を納品する意義が薄れてきました。

　もともと、こうした詳細設計書は後日のメンテナンスが可能なように作られてきました。ところがメンテナンスをするときにもIDEからたどって直すので、今では作業完了後に「わざわざ設計書を直す」というムダだけの作業になってしまっていることが多いです。

第2章のまとめ

① 　見積りにあたっては図表を使い「見える化」を行う
② 　見積りに最低限度必要な資料として見積書の他に、「機能（非機能）要件一覧」「フロー図（アクティビティ図）」「アーキテクチャ構成図」「マスタースケジュール」「開発体制図」がある
③ 　実際の工数見積りにあたっては要件をフェーズごとに分けて、さらにフェーズの中のタスクを抽出することで行う。フェーズには要件定義、基本設計、詳細設計、開発、テストなどのフェーズがある
④ 　作成した見積りの確認ポイントとして、「現状確認を行う」「タスクレベルの開発スケジュールを作成してみる」「作業バッファで膨らんだ工数を見直す」などがある

第1部
見積りの基本

第3章

チームの作業を見積もる

　本章では、プロジェクトのリーダーとして、チームの作業を見積もる方法について解説します。個人の作業を見積もるときとの大きな違いは、ロール（役割）と情報共有です。1人で作業している場合には作業や役割の分担は必要ありません。また、わざわざ資料を作成して人に説明する必要も少なくなります。そうした観点で1人の見積りとは違う取り組みが必要になります。一見、面倒で非効率にも思えますが、1人でできるアウトプットよりチームでできることのほうがはるかに多く、社会的にも影響の大きい成果を出すことができます。

# ロール(役割)とは？

　ITプロジェクトでは要件定義からリリースまでさまざまな役割が必要になります。一般的なのはプロジェクトマネージャー（リーダー）、システムエンジニア、プログラマ、テスターなどですが、実際にはこれら以外にもはるかに多くの役割が必要になります。

　プロジェクト推進のためのロールは顧客（ユーザー）側にも多数必要です。前述のように、あらかじめ体制図を作ることで役割を明確にしていきましょう。

　見積りをマスタースケジュールに置き直すときも、そうしたチーム体制を考慮する必要があります。チーム体制を考慮に入れるときに重要な要素が「**ロール**」といわれるものです。「ロール」はチームでの役割を意味します。誰か特定の人を指しているわけではなく、課長や主任といった組織の階級でもありません。

　たとえば、マネージャーとプログラマというロールがあるとします。2人のエンジニアを多くの人が想像してしまいますが、この2つはロールにすぎません。そのため、マネージャー兼プログラマという1人の人かもしれないのです。逆に大きなプロジェクトであれば、マネージャーもQA（品質管理担当）マネージャーなど別の人が担当していることもよくあります。

　小さなプロジェクトではロールの数より担当者の数が少ないことから、兼任で多くの役割を担わないといけません。スケジュールプランを作る上でロールの考慮はとても重要なのです。

　一般的なプロジェクト進行では、要件定義フェーズでは**コアメンバー**といわれる数人のエンジニアが進めていきます。プロジェクトは基本設計、詳細設計、開発、テストと進むに従って作業の数が多くなっていきます。開発プロセスがウォーターフォールモデルでも、アジャイルでもその点はほとんど変わりません。

　前のフェーズの成果物を後ろのフェーズの工程で補いつつ、後のフェーズの作業も行うため、多くのプロジェクトでは必然的に、後ろのフェーズで徐々にメンバーが増えていく体制になっています。そのため、見積りの段階では名指しでの計画は作れないため、ロールでのスケジュールや体制図の提供になります。

3 ITプロジェクトに必要なロール

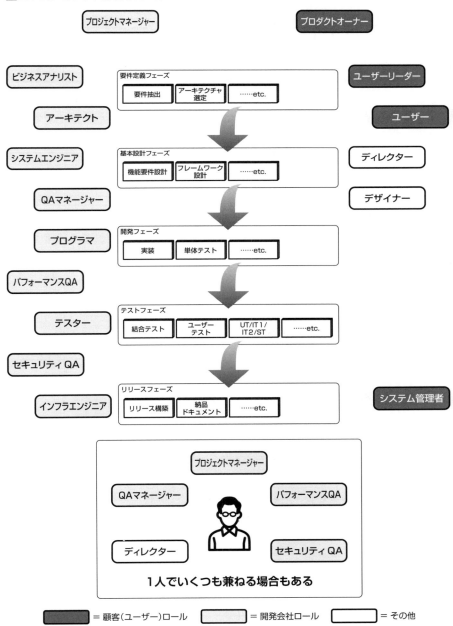

ITプロジェクトのロール

　参考までにプロジェクトのロールの主要なものについて、一般的な分類を説明しておきます。
　ロールはプロジェクトの規模が大きくなるにつれて細分化されます。ここでは工数が数十人月、予算が5,000万円以下のプロジェクトを想定してください。

①プロジェクトマネージャー
　プロジェクトマネージャーは見積りをはじめプロジェクトの提案・受注の段階から最後まで一番深く関わり、プロジェクトの責任を持つロールになります。開発側のQCD管理やリソースの配分などを行います。

②プロダクトオーナー
　ユーザーサイド（発注側）の全体に対する責任を持つロールになります。ステアリングコミッタとしてシステムの機能や仕様について、ユーザーの意見を取りまとめ決断する役割です。開発全体のアウトライン（例：マスタースケジュールなど）をプロジェクトマネージャーと話し合って決める役割も持ちます。

③アーキテクト
　システムの要件に従ってアーキテクチャを決定します。言語などの選定のほか、DBなどのミドルウェアの選定も担当します。また、SEが使用する開発ツール環境のアウトラインも決定します。テストの自動化を検討することも、アーキテクトの役割です。また、アプリケーションの品質を担保するため標準化を行ったり、実現性担保のためプロトタイプを作成したりもします。

④システム管理者
　ユーザーサイドのIT基盤などを管理します。開発しているシステムの本番運用を引き継ぐロールです。

ITプロジェクトに登場するロール

ロール	役割
プロジェクトマネージャー	・プロジェクトの開発側責任者 ・提案や顧客との交渉も大事 ・開発側のQCD管理やリソースの配分などを行う
ビジネスアナリスト	顧客業務を分析したりプロジェクトと業務改善をひも付けたりする
アーキテクト	・技術面での責任者 ・言語やフレームワークの選定や、標準化、プロトタイプの作成を行う
システムエンジニア	設計や開発の実務を担当する
QAマネージャー	客観的に品質を評価し、管理する
パフォーマンスQA	パフォーマンスの観点で品質を評価し、管理する
セキュリティQA	セキュリティの観点で品質を評価し、管理する
プログラマ	開発とテストを中心に対応する
テスター	テストを実施する
インフラエンジニア	本番や開発用のサーバー、ネットワークなどを構築する
プロダクトオーナー	・ソフトウェアの所有責任者 ・プロジェクト全体の総責任者
ユーザーリーダー	・ユーザーのタスクのリーダー ・ユーザー同士の意見調整もする
ユーザー	・要望・要件を伝える ・テストでは実際に利用する
システム管理者	現行の顧客のネットワークやサーバー類を管理する
ディレクター	要員の手配や外注先への委託などを取りまとめる
デザイナー	主に画面の見た目やアイコンなどを作成する

第3章 チームの作業を見積もる

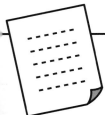
タスクとロールを
ひも付けよう

　第2章で抽出したユースケースとタスク、そして前述したロールをひも付けて時系列に並べることで、プロジェクトのスケジュール計画が作成できます。見積りの作成時には担当者の名指しは難しいので、ロールと人数だけを想定して計画を作ることになります。

　ロールによって責任の重さや必要なスキルも違います。スキルには通常、待遇などもひも付くので、ロールによって単価が変わることもしばしばです。そのため、金額の見積りを作成する際にも、ロールは重要な要素になります。

　プロジェクトではまったく違うスキルセットが必要になることもしばしばです。たとえば、インフラやサーバーの構築担当者は、プログラミングやアプリケーションの設計能力とはまったく違うスキルが必要になります。

　適切な担当者をアサインできるかという問題は実際の見積りに影響します。特に自社だけで体制を構築できない場合には協力会社に対応を依頼せねばならず、コストが大きく膨らむ可能性をはらんでいるのです。ロールの中で外部にアサインせざるを得ないものについては、あわせて外部の見積りを取りましょう。

　ロールとタスクをスケジュールに割り付けるコツは、**マルチロールになってもシングルタスクになるようにスケジューリングすること**です。1人の人に複数のタスクが割り当てられているマルチタスク下では進捗の計測が難しくなります。BタスクをためにAタスクが止まっていることなどが頻発し、タスク全体が進んでいるのか止まっているのかがわからなくなります。

　特に見積りを作成するような計画段階からマルチタスクになっているようなケースでは、コストかスケジュールに無理があるプランといえます。マルチタスクになっているタスクやフェーズを見直して、見積り（スケジューリング）をし直すべきといえます。

　ロールにはユーザーサイドのロールもあります。プロダクトオーナーなどが典型ですが、インフラを含めたシステム管理者も顧客のシステム部門であることが多いです。プロジェクト計画という観点では顧客のロールも大変重要です。

❸ タスクとロールのひも付けの例

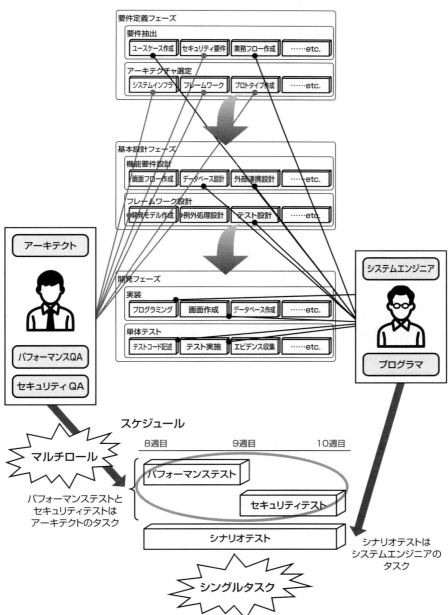

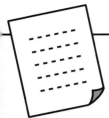
1画面に何日かかる？見積りの基準を決めよう

　チームの作業を見積もるにあたって、**タスクの粒度**と**タスクごとのおおよその工数基準**を定めておく必要があります。そうしておかないと、同じ機能でも作業者によって見積りが変わってしまうことになります。

　タスクの粒度や切り出し方は48ページを見てください。工数の基準を決めて、顧客に提供する際には36ページで説明した粒度が参考になります。

　工数基準は、プロジェクトに関わる作業者のスキルや業務に関する経験、技術に関する知識の有無が作業効率に大きく影響してきます。このとき、顧客の業務知識を保有しているエンジニアや、類似プロジェクトの経験を持つエンジニアを担当にすることで、他社より少ない工数での提案が可能になることがあります。結果として、提案の競争力を向上させることにもつながります。しかし、原則として**特定のプロジェクトや顧客の知識がなくても、同じ程度のソフトウェア開発能力・経験を持つ人なら対応可能な範囲での見積りをすべき**でしょう。

　個別の案件に対して特別効率の良い担当者や、飛び抜けたスキルを持つ人だけが実現可能な見積りは企業が事業として提供する見積りとしてはリスクが高すぎます。該当する担当者が罹患したり、退職したりすれば、会社として提示した見積りにもかかわらず実現不可能になってしまうからです。

　大きな会社や標準化の進んだ組織では、作業タスクごとの見積工数の基準もありますが、大半のシステム開発会社では、基準の制定には至っていません。

　そこで、簡易的な工数基準の決め方を紹介します。たとえば**画面を難易度ごとに3段階に分けて、その段階ごとに基準となる工数を決定**していく方法です。バッチや外部通信機能なども同じです。難易度に応じてEasy＝2人日、Normal＝5人日、Hard＝10人日などを基準としてヒアリング時点で検討した機能に付与して積み上げる方法を採っています。

　外部設計機能を単位としている点ではファンクションポイント法に近いですが、見積りをもっと簡易に進められます。正式見積り前の概算見積りであれば、この方法で十分顧客に説明ができます。

簡易的な工数基準の決め方

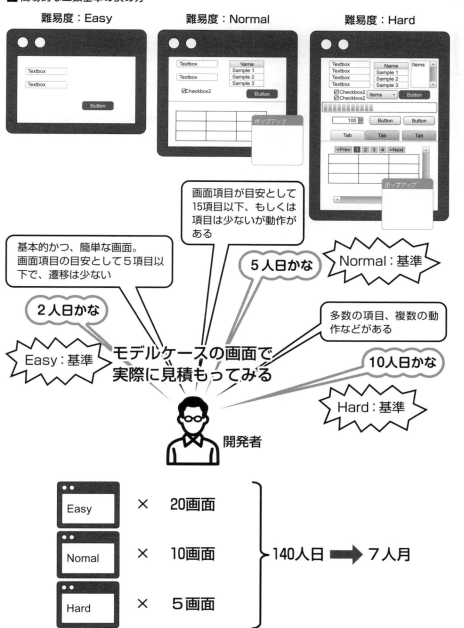

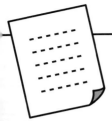
メンバーの生産性と練度

　見積りは**チーム全体の平均的なメンバーの生産性や練度**にも左右されます。使用する技術への理解度はもちろん、顧客の業務特性や類似プロジェクトの経験などでも大きく変わってきます。

　さらには**チームメンバー同士のお互いに対する理解度**も大きく作用する要素です。同じプロジェクトメンバーで何度かプロジェクトを経験していれば、より少ない情報共有でチームは機能します。たとえば、IDEのプラグインや構成管理、Wiki（編集が自由なWeb掲示板。環境構築手順書などを書いておくなど、チーム内の情報共有などに役立つ）などの管理の仕方など、チームのローカルルールができれば、運営の効率が自然と上がっていきます。プログラムもデザインパターンなど、より具体的な形で設計図書のひな形なども増え、作業効率も上がるでしょう。

　特にロギング（アプリケーションの共通ログ出力の仕組み）や例外処理などの非機能要件は多くのプロジェクトで共通して機能するため、別のプロジェクトでも同じチームで開発していることで効率が上がっていきます。ソースコードのブランチの切り方やタグの付け方なども長く開発をともにしているチームであれば、わざわざミーティングを開かなくてもチーム全員が暗黙のルールに従います。

　よって、「スキル」の他にチームの練度も見積りに影響する要素となります。見積りの基準となる工数を算出し、チームの練度やプロジェクトの特性を考慮します。その上でマスタースケジュールにフェーズごとのタスクを配置してみましょう。

　見積りも概算から正式見積りに至るまで複数の段階があります。また、顧客に提示するだけが見積りではありません。受注後、プロジェクトが進行する中で、要件定義や基本設計が進むことでより精緻かつ確実な見積りが可能になります。

　既に予算や人員が決まっている中でも見積りをする意味は大いにあります。プロジェクトの運営管理上、スケジュールやタスク配分を見直す機会が多々あるからです。つまりプロジェクトマネージャーは、見積りをし続ける必要があります。

見積りはチームメンバーの生産性にも左右される

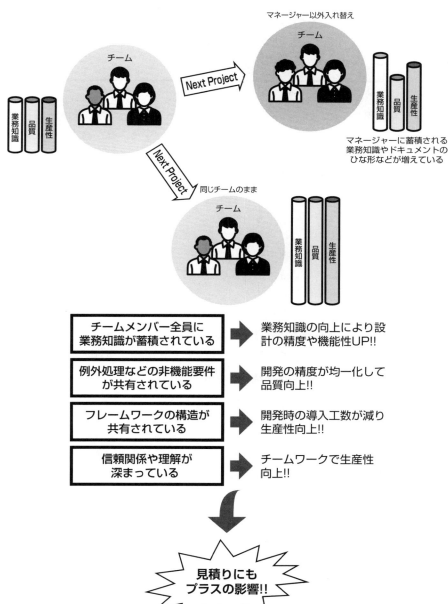

チームのスケジューリングをしてみよう

　見積りを提出するにあたって必ず必要になるのが「**納期**」です。納期を算出するためには、どうしても**マスタースケジュール**を作成する必要があります。

　マスタースケジュールを作成するためには、これまでのチームのロールにフェーズごとのタスクをひも付ける必要があります。その際に必要な体制（エンジニアの人数）もある程度見えてきます。多くのプロジェクトでは提案依頼の段階で顧客の「**希望納期**」が示されていることもよくあります。しかし、見積りの段階では、まずは希望納期のことは忘れて、必要な要件に対して必要なタスクを割り出し、ロールにひも付けて計画を作成しましょう。

　その上で希望納期に近づけるように、機能やタスクを顧客と話し合って減らしていきます。このとき忘れてはならないことは、**金額は値引くことができても工数（時間）を削ることはできない**ことです。3日かかる作業を「特別なお得意様だから」と1日で終わらせることはできないのです。なので繰り返しになりますが、「希望納期」から計画を作るのではなく、あくまで要件から起こしたマスタースケジュールを希望納期に近づけるようにタスクを減らし、トレードオフしていきましょう。

　マスタースケジュールのもうひとつの重要な要素として**顧客のタスク**があります。特に要件定義や基本設計では顧客のレビューを多くスケジューリングする必要があります。また、見積りの段階で顧客の役割を明示しておく意味もあり、マスタースケジュールに顧客のタスクを記載しておくことは重要な「見積りの条件」なのです。顧客側のタスクとチーム体制を明示することで、顧客側も内部コストをある程度想定できることになります。見積りを受け取った顧客が全体予算を決定する上で必要な情報となるでしょう。

　なかには、見積りの条件に、顧客側の資料提示やレビューの期間を入れているケースもあります。顧客側のタスクの遅れによってプロジェクト全体が見積り通りに進まないことは非常に多くの現場で起きています。必ず顧客のタスクとスケジュールを明記し、必要な体制を確保してもらいましょう。

ロールとスケジュールの関係図

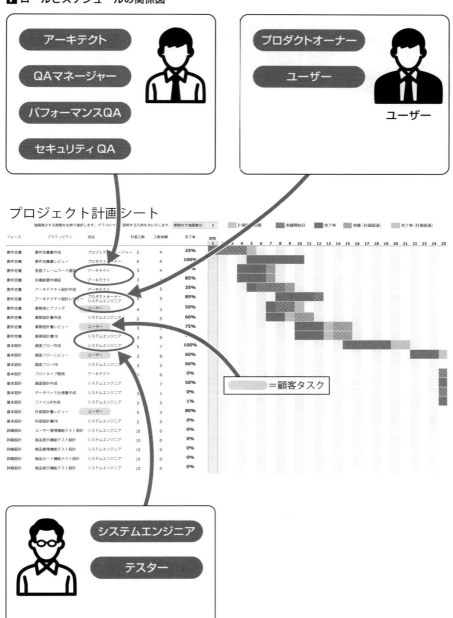

テストの自動化やプロジェクト管理ツールの影響

　見積りやスケジュールに大きく影響する近年の要素として、Seleniumのようなテストの自動化、eclipseのようなIDEなどの発達、REDMINEやBacklogのようなプロジェクト管理ツールなどの向上が挙げられます。AWSのようなクラウド環境の利用は、サーバー構築や環境の維持管理のコスト低減に大きな力を発揮します。JenkinsのようなCI（Continuous Integration：継続的インテグレーション）ツールやGitHub、Dockerなどを使用した開発の自動化はツール単体では数％の工数の削減にすぎませんが、全体では10％以上変わることもあります。

　今の時代、オープンソースを中心とした開発フレームワークの使用は当たり前ですが、それでも顧客企業のポリシーで使用を禁止していたり、既存のフレームワークを前提としていたりするなど、何がしかの制約があるのであれば見積りに影響します。このときには、既存のフレームワークを学習するコストをタスクとして計上する必要があります。

　また、大きく2つの理由から、言語の制約を顧客が求めてくる場合もあります。ひとつは**システムインフラ**の問題です。既存の管理サーバーをインフラにして、そのまま使いたいという要望はよくある話です。もうひとつの理由は、**スムーズに新システムのメンテナンスができる**ようにしたいということです。そのため、既存の保守チームがメンテナンス可能な言語を要求されることも多いです。

　どちらのケースも3年、5年とシステムを使用し続けた場合にメリットがあるのか、という比較を行うべきです。古いアーキテクチャを維持すると、セキュリティ面などのリスクが高まります。古い言語やフレームワークを動かし続けるために、OSや物理サーバーまで旧式のものをわざわざ維持することもしばしばです。こうした「制約」が顧客サイドにある場合にはひとつひとつ対応タスクとして洗い出し、見積り上にコストとして計上しておくと見積りの精度が高まります。

　また、そうした「制約コスト」を明示することで、顧客に「**制約の解除**」を依頼することができます。納期を守るためのトレードオフの材料としてIDEや自動化ツールの利用を真剣に検討してもらえるかもしれません。

■ ツールの使用とプロジェクト生産性

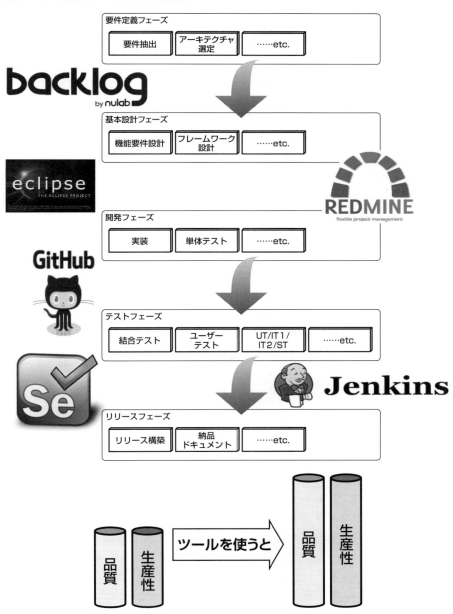

開発プロセスと見積り
アジャイルとウォーターフォールモデル

　適した開発プロセスを採用できるか否かは開発効率に大きく影響します。ただし、言語と同様に「顧客からの制約」は見積りに影響しますが、本来的には工数とは無関係であっていいはずです。

　まず契約形態が請負の場合には、第1章で説明したように顧客に提供するのは完成したソフトウェアであり、その対価をいただくことになります。したがって、その過程でどんなプロセスを採用したかは、厳密には顧客には関係ありません。

　一方、業務委託の場合には、顧客が決めたプロセスを採用し開発するような要件が入っていることがあります。そのプロセスを順守するために、メンバーにプロセスについて学んでもらわなければならないほど、本来想定していないタスクが発生するのであれば、そのコストは計上すべきでしょう。

　ですので、開発プロセスは、チームの運営効率に大きく関わるものの、見積りという観点では顧客に提示する工数には大きな影響を与えない（与えないようにマネジメントを行う）必要があります。

　ただし、反復的な開発を採用する場合には、**事前に正確な見積りをするのは不可能である**ことを前提として、顧客やチーム、自分の会社と合意をしておく必要があります。反復的な開発は要件を決めてから機能を開発するのではなく、機能を開発しながら要件を決めていきます。すなわち、開発が進むにつれて見積りの根拠となる要件が変わっていくことを前提としています。その結果、事前に正確な見積りを提示することは難しくなります。

　当社も反復的なプロセスを採用することがあり、その場合でも見積りは提出しています。このときには、原則、**リソース（体制）と期間を示し、その範囲であれば要件が変化しても当初の見積りの範囲内で対応可能である**ことを示すようにしています。反復的な開発の場合には、「3人で2カ月の反復を3回」というように上限を決めておくことで見積りを可能にしています。

　なお、当社では既に100人月規模の事案でもこの方法でアジャイルを採用し、反復的な開発を行っています。

■ 開発プロセスと見積りの関係

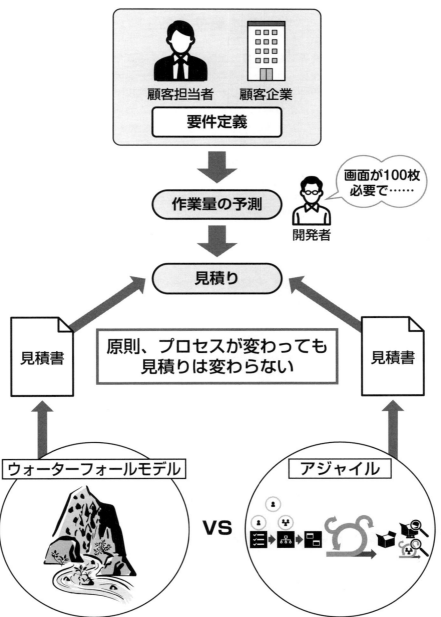

COLUMN

ツールを駆使する！

　システム開発の業界でも、有償・無償問わずさまざまなツールが提供されてきました。特に開発やテストの効率化、サーバーメンテナンスの自動化などは如実に効果が現れています。しかし、大きな開発現場などではツールの使用（インストール）について、いまだに「たくさんの部署の承認をもらわないと認められない」（＝実質不可能）という話をよく聞きます。それでいて、経営幹部から「開発効率が悪すぎる」という悩みを何度も聞かされました。構成管理ツールすら使用禁止という開発現場もあります。体制を1年かけて再構築しなくても、高額なコンサルを使わなくても、開発現場にツールの使用を推進し、承認プロセスを見直すだけで開発効率は10％以上上がります。

　さて、現場からよく聞かれるのが「どのツールがオススメですか？」という質問です。これについては、日々新しいツールが出ていますし、そもそも開発している内容や技術特性によって変わるので答えにくい質問です。その上で参考までに当社がよく使うツールとしては、Backlog、Docker、Slack、Googleドライブ、Swagger、PlantUML、appear.in、draw.ioなどがあります（IDEやGitHubなどの基礎的なものやAWS関連などのインフラ要素を除く）。皆さんもぜひ1％の改善を積み上げるべくいろいろ試してみください。

第3章のまとめ

①チーム作業の見積りの大きな留意点はロール（役割）を考える必要がある
②ロールはたくさんあるが、1人で複数のロールを持つマルチロールも可能
③ロールにタスクをひも付けて計画を作る。その際には1人がマルチロールになっても構わないがマルチタスクにならないように注意する
④チーム作業の見積りは個人の能力に頼らず、誰が担当しても大きく工数が変わらないような基準を決める
⑤見積りにあたってはチームのロールとタスクを配分したスケジュールを作る
⑥さまざまなツールの使用可否は見積りに影響するので、見積り開始の時点で確認する
⑦開発プロセスは作業の手段でしかないので、どれを選択するかで見積りが大きく変わらないようにする

第1部
見積りの基本

第4章
受注に向けた見積り

　第1章では全体的なビジネスの流れと見積りの役割を、第2章では見積りの作り方を、第3章ではチーム作業の見積りを学びました。本章では実際に見積りを作成し、受注を目指してみましょう。
　ビジネスでの見積りでは、「相手のあること」を念頭に置かなければなりません。コンペに始まり、値引きまでさまざまな実務について学んでいきましょう。

一般的なコンペの流れ

　ビジネスで実際に使う見積りを作成する際に作業量が多いのが**コンペ**です。今回はコンペでの提出を例としましょう。
　コンペ（コンペティション）とは、システム開発など大きなプロジェクトで顧客が発注先を選定するときに行われる「競争入札会」です。「**RFP**」といわれる提案依頼書が提供されます。
　RFPというのは、Request For Proposalの略で「提案依頼書」ともいいます。顧客から「要望」を受け取り、それに対して金額や工期を含めた提案をすることになります。この提案の中で最も重要な位置付けが見積りとなります。
　RFPは、ある程度の規模のシステムを開発する際に受注側、発注側とも必要な要素を網羅的に検討できているかを確認するためのチェックリストのような役割を果たします。また、提案を複数社から受け取るにあたって、効率良くたくさんの企業に依頼できるように書面で配布するものです。後日「見積範囲」か否かという追加費用の話になった際にも、RFPに書いてあるかどうかは重要な判断材料になります。
　また、ヒアリングの際に見落としがちな非機能要件などはRFPが重要なチェックリストになります。RFPには通常、セキュリティや可用性などが、たとえば「24時間365日利用できること」といったように具体的に記載されています。これは、非機能要件に関する見積りを詰める際の有効な資料となります。
　なお、RFPとは別に**RFI**という資料もあります。RFIはRequest For Informationの略で、「情報提供依頼書」と訳されます。顧客企業がRFPを作成するために、開発会社などに情報提供を依頼するものです。
　次ページに簡易的なものですがRFPの例を掲載します。なお、実際のRFPは項目数もページ数もはるかに多いものになります。第2章で説明した見積りに必要な5つの資料は、ほとんどがシステム開発のRFPの要求事項に含まれています。したがって、ここまで説明してきた見積りとその資料の作り方を本章以降ではさらに実践を意識して作成します。

RFPの例

提案依頼
株式会社オープントーン出退勤業務ICカード化

提案依頼の背景・目的
1. 管理コストの削減　現在3人で月初2営業日で転記している作業をなくしたい
2. コンプライアンス順守　超過労働を発生前に把握したい
3. 生産性向上　現場がリアルタイムで勤務状態を把握し、要員調整を行えるようにしたい

現行業務・課題
- タイムカードに打刻しているため、システムに入力しなければならない
- 紙で保管しているため、倉庫費がかかり探すのが非常に大変
- 月末に分散拠点からタイムカードを集めなければならない
- 転記ミスがあっても給与明細を見るまでわからない
- 超過労働などが月末にタイムカードを集めるまでわからない

希望スケジュール
2019年4月以降の利用開始

納品物件
- PCサーバーにインストール可能なソフトウェア一式
- 対応するICカード読み取り機　4台
- 取扱説明書　管理者向け、ユーザー向け
- 設計資料一式

契約要件・保守要件
請負契約、瑕疵担保期間1年、以後有償保守

提案の提出期限・窓口
- 1カ月以内
- 株式会社オープントーン　管理本部　システム調達係までメールでの提出とする
- 提案資料一式（開発・保守費用のわかるもの、スケジュールのわかるもの、機能を説明したもの、非機能要件の充足がわかるもの）

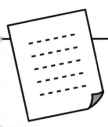
ヒアリングと提案の進み方

　通常、RFPを受け取る際にはコンペに参加する各社の担当者が一堂に集められて**説明会**が行われます。その場でも質問の時間などもありますが、100ページ以上もあるようなRFPも多く、とても1時間程度で目を通すことはできません。そのため、RFPを受け取った後持ち帰り、内容を精査して後日質問とヒアリングの機会が与えられます。その期間は発注側次第ですので何ともいえませんが、おおむね2週間から1カ月くらいです。

　システム開発会社側では、特にビジネス的な側面、技術的な側面の2つの観点が必要なことから、この時点で2〜3人の**提案チーム**を作ります。他にも規模の大きい提案などの場合には必要な担当者が増えていきます。提案チームは、RFPを読み込み、提案の作成を始めます。同時に多くの疑問が出てきますので、**質問表**を作ります。

　その質問表を事前送付し、その上で次に**ヒアリング**の機会が設定されます。顧客側は質問表を検討し、回答や必要な資料を可能な範囲で用意します。この際、質問の内容で提案に優劣ができないように、質問表とヒアリング内容はFAQのような形でコンペの参加企業に公開されます。顧客が複数回回答する手間を省く意味合いもあります。

　ヒアリングの機会が複数回設けられることもありますが、通常はこの後、提案の締切日に向けて**見積書・提案書を作成**していくことになります。締切りを守れるかどうかは、重要な提案評価項目とされていることが多いので、締切りは順守しましょう。

　参加者が多いコンペでは一次、二次と、選考が繰り返されることもあります。通常、提案の評価項目は価格や納期はいうまでもなく、前述の締切りを守れたかなどを含めて評価されます。その上で選定結果が発表されることになります。

　このときに重要な点が、額だけでも決まらないことです。民間では金額以外の要素で評価される割合も大きいのです。したがって、機能性や先進性保守性によるメンテナンスコストの安さなど、さまざまなPRをしましょう。

ヒアリングと提案の進み方

RFP説明会
- RFPを持ち帰り精査する
- 精査の期間はおおむね2週間から1カ月くらい

提案チームで検討
- ビジネスと技術の2つの側面から検討
- 規模に応じてチームの人数を増やす

質問表を提出
顧客側は回答や必要な資料を用意

ヒアリング
- 質問表とヒアリングの内容はコンペの参加企業に公開される
- 複数回設けられることもある

見積書・提案書の作成
- 締切りは必ず守る
- 提案書だけで一次選考の場合もあり

プレゼンテーション・見積りの提案

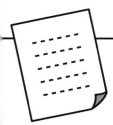
見積りの進め方を確認する

　それでは提案依頼を受け、見積りを進めるにあたっての進め方を再確認しましょう。コンペがあるような大きな規模のプロジェクトの場合には、既に提案依頼を受け取ってヒアリングをしている前提で話を進めます。通常は簡単な顧客の要望を書いた資料などを基にヒアリングに行き、見積りをすることになると思います。

　第1章でも説明した通り、見積りとは顧客の希望（要件）をかなえるための「作業量の予測」です。

　では、作業量をできるだけ正確に予測するために、どんな進め方をすれば良いのでしょうか。RFPがあるような大きな規模の見積りから、チーム内の作業計画を作るための作業見積りまで、いずれの場合でも大きな流れは同じです。

　まずは、顧客の要件を抽出し**見積もる範囲と内容**を詰めなければいけません。ですので、大きな進め方としては、要件を抽出し詳細化を進めながら見積りに必要な資料を作成していきます。手順は次の通りです。

①要件を抽出しユースケースを作成する
②要件を満たすための機能要件・非機能要件を抽出する
③非機能要件を満たすアーキテクチャ構成図を作成する
④フロー図を作成しながら要件を機能の中分類程度まで掘り下げる
⑤現状の業務・システムとの整合性を確認する
⑥システムの規模やミッションクリティカル性を検討し、フェーズを決める
⑦要件とフェーズをあわせてタスクを抽出する
⑧タスクごとに見積りを集計する
⑨タスクごとの見積工数を反映しながらスケジュールに配置し、マスタースケジュールを作成する
⑩必要な要員規模を検討し体制図を作成する
⑪見積りをレビューしチェックポイントを確認する

◪ 見積りの進め方

①要件を抽出しユースケースを作成

②要件を満たすため機能要件・非機能要件を抽出
③機能要件・非機能要件を満たすアーキテクチャ構成図を作成

④フロー図を作成しながら要件を掘り下げる
⑤現状の業務・システムとの整合性を確認

⑥システムの規模やミッションクリティカル性を考慮してフェーズを決定
⑦要件とフェーズを合わせてタスクを抽出
⑧タスクごとに見積りを集計

⑨タスクごとの見積工数を反映しながらスケジュールに配置し、マスタースケジュールを作成
⑩必要な要員規模を検討し体制図を作成
⑪見積りをレビューしチェックポイントを確認

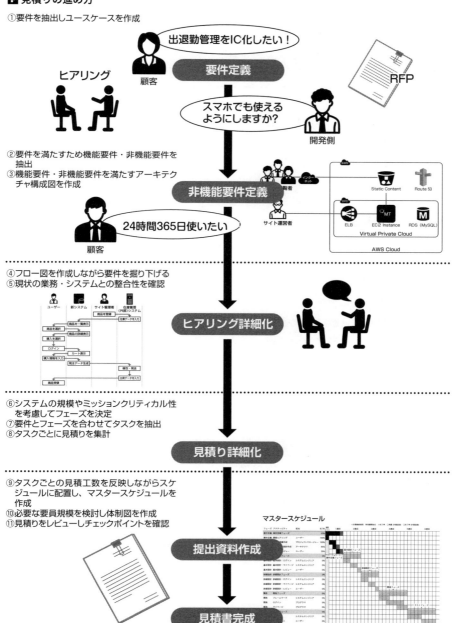

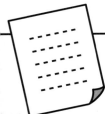
機能要件・非機能要件一覧を作ってみよう

　前節にあるように、見積りに着手するにあたって最初に必要なのは、**ヒアリングを行い要件を定めること**です。第2章で説明したユースケースから機能要件一覧と非機能要件一覧を作成してみましょう。ヒアリング内容は次の通りです。

大要望：出退勤管理を紙の打刻機からICカードにして自動集計するようにしたい
■ヒアリング内容
- 従業員数は50名で複数の拠点で従業員とパート・契約社員が使用する
- 全員がWindows PCにてICカードで打刻する（打刻の利便性を重視）
- 管理画面はWebブラウザで閲覧する
- 管理画面は主任以上の社員（管理職ユーザー）がIDとパスワードで利用できる
- 管理画面からはWebブラウザで勤務表が閲覧できる
- 当月の締め前の勤務表は主任以上の社員が修正可能
- 管理画面からはExcelで勤務表が出力される
- システム管理権限者は人事部の3名が行う
- システム管理権限者はユーザー登録ができる
- システム管理権限者は勤務データを締め、更新を止めることができる
- システム管理権限者は過去データを修正できる
- システム管理権限者は全員の出退勤データを給与ソフトにインポートできる
- 打刻は24時間365日行う
- 管理画面は平日の9時から20時まで使用する
- データは5年間保管する
- 打刻のパフォーマンスは3秒以内、管理画面は10秒以内とする
- 通信はすべて暗号化する
- バックアップは毎日取得し、2週間分保持する

　ヒアリング内容をまとめて右表のような一覧を作成しましょう。

■ ヒアリング内容から作成した機能要件一覧のイメージ

<table>
<tr><th colspan="7">機能一覧</th></tr>
<tr><th rowspan="2">機能ID</th><th rowspan="2">機能分類</th><th colspan="4">新機能</th><th rowspan="2">機能要件（ユースケース）</th></tr>
<tr><th>機能名</th><th>No.</th><th>機能名</th><th>機能説明</th></tr>
<tr><td>U-01</td><td>ユーザー機能</td><td>ユーザーログイン</td><td>01</td><td>ユーザーログイン</td><td>登録済みメールアドレスでログインできる</td><td>主任以上の社員はメールアドレスとパスワードでログイン認証が行われること</td></tr>
<tr><td rowspan="2">U-02</td><td rowspan="2">ユーザー機能</td><td rowspan="2">打刻機能</td><td>01</td><td>打刻</td><td>ICカードで打刻ができる</td><td>・事務所入り口のPCにICカードをかざすと出退勤が登録できる
・出退勤はマウスクリックでモードを切り替える</td></tr>
<tr><td>02</td><td>打刻切替え</td><td>打刻時に出退勤のモード切替え</td><td>マウスクリックでモードを切り替える</td></tr>
<tr><td rowspan="5">U-03</td><td rowspan="5">管理職ユーザー機能</td><td rowspan="5">マイページ</td><td>01</td><td>マイページ</td><td>ログイン情報の確認・変更</td><td>パスワードやメールアドレスの変更が可能</td></tr>
<tr><td>02</td><td>ユーザーメニュー</td><td>勤務表閲覧</td><td>月ごとの勤務表を見ることができる</td></tr>
<tr><td>03</td><td>ユーザーメニュー</td><td>勤務表ダウンロード</td><td>Excelで勤務表をダウンロードできる</td></tr>
<tr><td>04</td><td>ユーザーメニュー</td><td>勤務表変更</td><td>勤務表の日付や時刻をクリックすることで変更できる</td></tr>
<tr><td>05</td><td>ユーザーメニュー</td><td>勤務表締処理</td><td>選択した利用者の締処理を行うことができる</td></tr>
<tr><td>M-01</td><td>管理機能</td><td>管理ログイン</td><td>01</td><td>ユーザーログイン</td><td>社員番号でログインできる</td><td>管理画面で人事部の社員番号とパスワードでログイン認証が行われること</td></tr>
<tr><td rowspan="3">M-02</td><td rowspan="3">管理機能</td><td rowspan="3">管理メニュー</td><td>01</td><td>管理ページ</td><td>ユーザー登録</td><td>・ICカードとID、パスワードを登録できる
・ユーザーの変更・削除ができる</td></tr>
<tr><td>02</td><td>管理メニュー</td><td>勤務表変更</td><td>締処理がしてあっても変更できる</td></tr>
<tr><td>03</td><td>管理メニュー</td><td>データエキスポート</td><td>CSVで出退勤のデータをダウンロードできる</td></tr>
</table>

■ ヒアリングシートから作成した非機能要件一覧

分類	項目	要望
可用性	想定利用時間	・（管理画面）業務日の9時から20時 ・（出退勤）24時間365日
可用性	停止可能時間	・（管理画面）休業日の24時から6時まで ・（出退勤）24時間365日
可用性	サービス復旧目標	2時間以内
可用性	バックアップ	毎日取得
可用性	バックアップ保管	2週間分
可用性	冗長化	全機器二重化
パフォーマンス	利用者数	50名
パフォーマンス	同時アクセス数	5名
パフォーマンス	想定データ件数	1日200件程度
可用性	データ保管年次	5年
パフォーマンス	目標レスポンス	・（管理画面）10秒以内 ・（出退勤）3秒以内
セキュリティ	通信暗号化	SSL通信
セキュリティ	データベース暗号化	不要

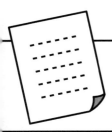

多段階見積りの進め方

　RFPを受け取り、ヒアリングをし、その中から見積りに必要な要素を抽出しました。この後、見積作業を実際に行っていきます。ですが、インプットとなるRFPを読みヒアリングを数回した程度で得られるシステムの要件はたかがしれています。つまり設計を進めない限りは、どんな手法を使うにせよ、概算見積りの域は出ません。

　そこで、顧客と合意が取れるのであれば、「**多段階見積り**」という方法を実施します。これは、要件の段階では正式な金額の見積りをせず、要件定義後に基本設計以降の見積り提示と受発注契約を改めて行う方法です。

　前述のように完全に正確な見積りを出すためには、ほぼ完全な設計が出来上がるのを待たなければいけません。それでは、受注前の設計の工数が膨大になり、開発会社は負担しきれません。一方、顧客にとっても見積りを作成するために高い費用を請求されるのは受け入れられません。そこで、要件定義と基本設計の費用を先に定め、その費用内でできるだけ設計も進めて正確な見積りにするようにします。

　精緻な見積りに必要な要件定義書や外部設計資料を納品し、その納品物が再利用可能な形で提供されるのであれば、顧客にとってもメリットがあります。改めて正式見積りに納得できなければ、その要件定義書や外部設計資料を基に第2、第3のベンダーに問い合わせて見積りを作成することも可能だからです。原則、外部設計資料が正確で客観的なものであれば、他の開発会社も上流工程のコストを減らすことができ、その分だけ提案価格も下げることができます。

　開発会社側も大きくリスクが下がります。その分、バッファの削減が可能となり、顧客のコスト要求にも近づけます。関係者全員にとって「バクチ」のような受託開発で苦しむより、はるかに建設的です。開発会社にとっては基本設計以降の受注を得られない可能性というデメリットもありますが、それ以上に見積りの精度を上げることで実現性の高いプロジェクト計画を作れることは大きなメリットです。

◼ 多段階見積りの進め方

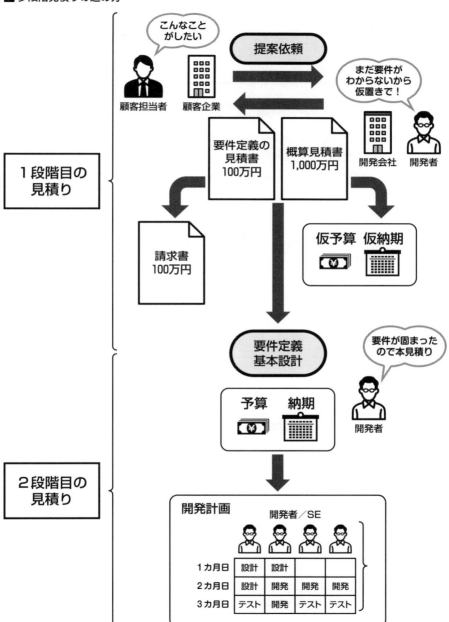

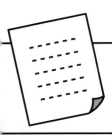
見積作業を進める

　ヒアリングの結果、83ページで機能要件・非機能要件一覧ができました。今度はそれらを基に見積作業を進めてみましょう。改めて48ページの「フェーズとタスク」を確認してください。今回は一番わかりやすい積み上げ法で、ウォーターフォール開発で見積もります。基本設計、詳細設計、プログラミング、テストの4つのフェーズまでを見積もってみます。

　まずユースケースの1番目、**ユーザー機能のログイン**を見積もりましょう。

　基本設計フェーズでは**ユーザーログイン（画面）**と**ユーザーデータ（DB）**が必要なことがわかります。結果、5項目以下の簡易な画面と、5項目以下のテーブル1つが必要になります。

機　能	種　別	基本設計	詳細設計	プログラミング	テスト
ログイン	画面	1日	1日	2日	2日
ユーザーデータ	DB	1日	1日	1日	ー

　このように、フェーズごとに分けて作業を予測していくことで全体の見積りが出てきます。例は非常に小さなシステムなのでタスクの粒度は表に記載されている程度ですが、実際のプロジェクトではもっと細かいタスクになります。たとえば、Excelによる勤務表の出力は技術的にどう実現するか、試行錯誤や調査が必要でしょう。また、実際にライセンスを購入しサーバー上でプロセスを起動することや、その多重プロセスの管理も必要になります。月末には全社員が勤務表を出力することを想定し、システムダウンしないように検討する必要もあります。したがって、実際にはもっと細かいタスクを抽出しないと見積りの精度は概算にとどまってしまいます。

　総計工数が241人日と見て、「多い」と思ったのではないでしょうか。実際、26ページで説明したように、積み上げ法は工数が課題になりやすい傾向があります。したがって、作成後に改めて見直しをするようにしましょう。

◆ 積み上げ法による見積りの例

機能ID	機能	種別	基本設計	詳細設計	プログラミング	テスト	合計工数
U-01	ユーザーログイン	画面	1日	1日	2日	2日	6日
U-01	ユーザーデータ	DB	1日	1日	1日	—	3日
U-02	打刻データ	画面	3日	4日	10日	10日	27日
U-02	打刻切替え	画面	2日	1日	2日	2日	7日
U-02	打刻データ	DB	4日	4日	2日	—	10日
U-03	ログイン情報確認・変更	画面	2日	2日	2日	2日	8日
U-03	勤務表閲覧	画面	3日	6日	8日	5日	22日
U-03	勤務表ダウンロード	画面	5日	8日	10日	10日	33日
U-03	勤務表変更	画面	5日	8日	10日	10日	33日
U-03	勤務表締処理	画面	6日	8日	6日	10日	30日
U-03	打刻データ	DB	2日	2日	1日	—	5日
M-01	管理ログイン	画面	1日	1日	2日	2日	6日
M-01	管理者データ	DB	1日	1日	1日	—	3日
M-02	ユーザー登録	画面	2日	2日	2日	2日	8日
M-02	ユーザーデータ	DB	1日	1日	1日	—	3日
M-02	勤務表変更	画面	3日	2日	2日	5日	12日
M-02	打刻データ	DB	2日	2日	1日	—	5日
M-02	データエキスポート	画面	4日	4日	6日	6日	20日
							241日

第4章 受注に向けた見積り

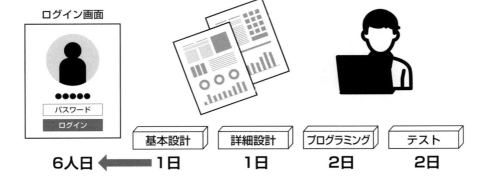

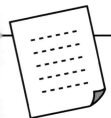

見積りを見える化する（1）フロー図

　第2章では見積りに最低限必要な資料として5つの図表を挙げました。機能（非機能）要件一覧は83ページで作成したので、次は**フロー図**を作成します。フロー図ではシステムの振る舞いや機能が要件に沿っているかの確認ができるとともに、アクターに外部システムや時間を加えることで、ヒアリングからは出てこなかった機能が洗い出されます。

　なお、右図は、説明のため実際のものよりかなり簡略化して作られています。実際には退勤時、月次処理時などと分けて何枚も作成する必要があるでしょう。ただし、見積りの段階では設計書として作成しているわけではなく、網羅性などは求められないので主要なユースケースを作成できれば十分です。

　それでは機能（非機能）要件一覧を作成した際のヒアリングシートを基にフロー図を作成してみましょう。条件は次の通りです。

- 従業員は出退勤を登録する
- IC出退勤システムは勤務データを保管する
- 管理社員は従業員の出退勤通知を受け取る
- 管理社員はWebログインを行う
- IC出退勤システムはWebログインを認証する
- 管理社員は勤務表を確認する
- IC出退勤システムは勤務表を生成する
- 人事部は管理者ログインを行う
- IC出退勤システムは管理者ログインを認証する
- 人事部は締処理を入力する
- IC出退勤システムは締処理を実行する
- 人事部は勤務データをエキスポートする
- 給与システムは勤務データを受領して給与処理をする
- 従業員は給与を受領する

　以上の条件を満たしたフロー図が次ページになります。

■ IC出退勤システムフロー図（略）

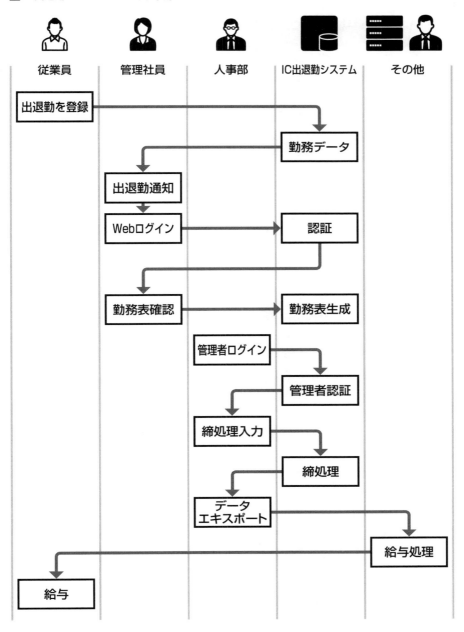

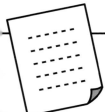
見積りを見える化する(2) アーキテクチャ構成図

　続いて**アーキテクチャ構成図**を作成します。83ページで作成した非機能要件一覧から要望を満たすアーキテクチャを選定・検討しなければいけません。その中でも、特に影響があるであろう重要な非機能要件は次の遥りです。

- 分散拠点で使用したい
- 出退勤登録は24時間365日必要
- バックアップを毎日、2週間分取得するようなストレージ

　非機能要件の要望を鑑みてパブリッククラウド上でシステムを運用することとしました。大きく分けるとクラウドサービス側の開発と、ICカードを読み取る利用者側のクライアント機能の2つのソフトウェアの開発が必要なことがわかります。言語については、特に顧客からの指定などはありません。83ページの機能要件一覧に書かれているように、本事案では、「Excelで勤務表を出力する」「Windows PC上でICを読み取る」という2つの事情からMicrosoft C#を採用することにしました。

　言語やミドルウェアなども顧客の指定のものがあったり、開発方針で特定のプロダクトを優先的に採用したりしなければならないケースもあります。原則は「**要件に最適なものを選定**」しましょう。その上で、調査やプロトタイプで要件の実現性の確認が必要な場合には、そのタスクを見積りに計上します。

　こうして作成したアーキテクチャ構成図が次ページです。

　この図では非常に単純なケースを想定しています。実際には連携する他システムやその通信方法なども記載されて、膨大な図になることが多いです。

　作り方のコツとしては主要なアクターをまず配置します。今回は管理社員と打刻する従業員が主要なアクターです。前述のように他システムなどがあれば他システムも配置します。バックアップの機器や二重化の待機サーバーがあれば、それらも記載しましょう。

■ アーキテクチャ構成図の例

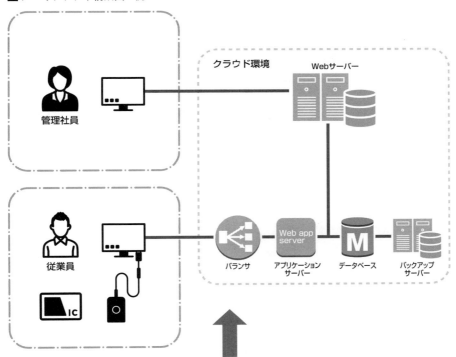

分類	項目	要望	実現可否
可用性	想定利用時間	・（管理画面）業務日の9時から20時 ・（出退勤）24時間365日	可
可用性	停止可能時間	・（管理画面）休業日の24時から6時まで ・（出退勤）24時間365日	可
可用性	サービス復旧目標	2時間以内	可
可用性	バックアップ	毎日取得	可
可用性	バックアップ保管	2週間分	可
可用性	冗長化	全機器二重化	可
パフォーマンス	利用者数	50名	可
パフォーマンス	同時アクセス数	5名	可
パフォーマンス	想定データ件数	1日200件程度	可
可用性	データ保管年次	5年	可
パフォーマンス	目標レスポンス	・（管理画面）10秒以内 ・（出退勤）3秒以内	可
セキュリティ	通信暗号化	SSL通信	可
セキュリティ	データベース暗号化	不要	──

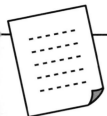

見積りに必要な資料
体制図

　続いて作成するのは**体制図**です。体制図は、「ひな形」を提出するだけで済ませてしまうケースも多い、注目されない資料です。けれども、実は後述のスケジュール表とあわせて非常に重要な役割を持っています。

　従来、体制図を作る際には右図の下半分にあたる開発側の体制を顧客に説明するために作成していました。そこからわかるのは、プロジェクトマネージャーが誰であるかと、おおよその動員人数です。

　しかし、実際に多くの現場での提案、受注、開発活動を続けてきたノウハウから考えると、体制図にはより重要な要素があります。それは**顧客サイドの体制を明記しておくこと**です。右図の上半分にあたる部分になりますが、顧客のうち「どのくらいの人が責任ある立場で関わるのか」、直接的でないにせよ「どの程度の部署、社員に影響を及ぼすか」をあらかじめ伝え、顧客にコミットしてもらうことです。

　顧客にはプロジェクトへの参加と協力を、こうした見える形でコミットしてもらうことが重要です。図中の点線で囲った部分の顧客メンバーには定期的なステアリングコミット会議にも参加してもらいます。部門責任者は各部門の現場社員の意見や要望を取りまとめ、検収の際のテスト業務などを指揮・監督してもらう役割となります。

　こうした顧客サイドの責任を明確にしておかなかったことで、「現在の業務が忙しくて仕様を取りまとめられない」という連絡が来るばかりでプロジェクトがまったく進まないケースを多数見てきました。最後には、「他社の事例などを活用して開発会社側の提案ベースで仕様を決めましょう」となります。けれども、そうした外部提供の仕様で満たされるなら、はじめからパッケージやクラウドサービスで要件が満たされていたはずです。実際、そうして開発会社主導で要件を決めながら進めた多くのプロジェクトは「顧客の求めていたものではなかった」となり、トラブルの基になっています。体制図は提案時に必ず提出し、受注にあたっては顧客にコミットしてもらうことが非常に大事です。

体制図の例

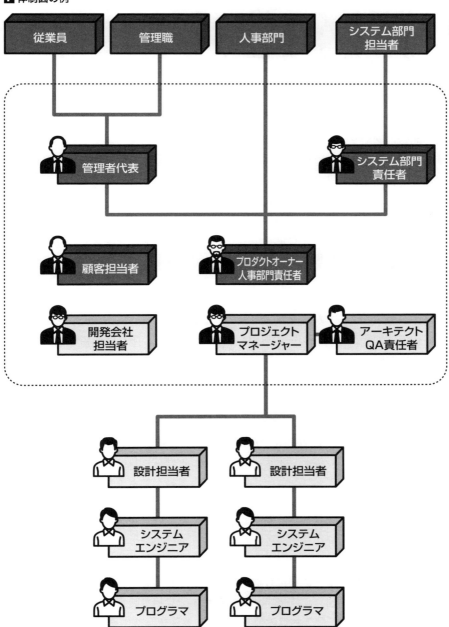

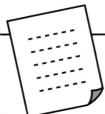

見積りを進める スケジュール

　見積りの基本資料5つの最後は**スケジュール**です。スケジュールはプロジェクトの開始と納期を示すのが一番大きな役割と思われがちです。

　しかし、実際には68ページでも説明したように、もうひとつ大きな役割があります。それは、**顧客サイドのタスクとスケジュールを明確化すること**です。特にプロジェクトの初期と終盤で顧客サイドのタスクは数を増し、重要度も高くなります。初期の要件定義や基本設計で要件の抽出が不足していれば、納品後のシステムに顧客が満足することはないでしょう。多くのエンジニアが経験していることですが、初期の要件定義の遅れは後半のスケジュールに著しいリスクをもたらします。

　また、納品されたシステムを本番環境で稼働させて運用するためには、顧客側のタスクも非常に多くなります。新システムを現場で使ってもらうためのマニュアルの作成やビジネスフローの見直しと教育、BtoCであれば広告の制作や製品発表会の準備など、顧客側が体制を取れず検収が延び延びとなる例は多くあります。そのようなことにならないように、顧客サイドのタスクとスケジュールをはっきりさせておくことは体制図同様に重要なことです。

　86ページの「見積作業を進める」で見積もった工数を実際にスケジュールに記入してみましょう。その結果、「金額はともかく希望納期にまったく収まらない」というケースもしばしばあります。ここで気を付けなければいけないのは、そのために要員を増員してスケジュールのつじつまを合わせようとしないようにすることです。

　実際のところ、上流工程で人数を増やしてもそれほど大きな効果は期待できません。研究によると元のスケジュールの－25％が限度といわれています。

　特に気を付けなければいけないのは、**RFP上の「希望納期」をプロジェクトのエンド、つまりリリース日にしないこと**です。顧客の希望は実際の見積りには基づいておらず「希望」にすぎません。あくまで見積りを行い可能なリリース日を提案し、希望納期を優先させるのであれば、要件を調整するようにしましょう。

◨ 希望納期と見積り上の納期の調整

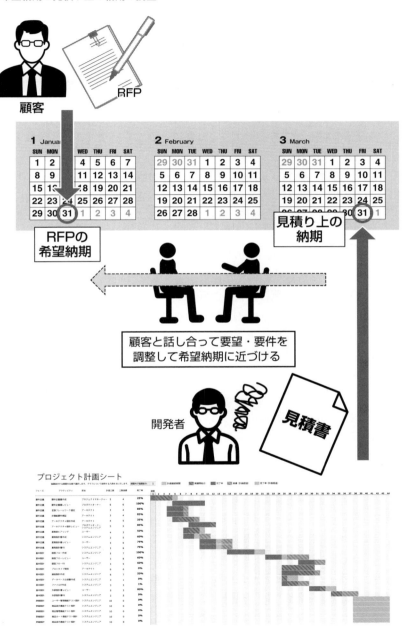

見積り完成時のチェックポイント（1）
要件を現行業務と比較したか？

　前節までで、見積りと添付資料がひとまず完成しました。最後に見積りを実際に提出する実務の観点からチェックしてみましょう。あわせてさまざまなチェックポイントについても説明します。

　見積りというのは、いわば**初期のプロジェクト計画書**です。プロジェクト計画書であれば複数の担当者がレビューしチェックすべきだとわかるのではないでしょうか。ここでは見積りの確認ポイントを振り返ることで、見積りの基本のまとめとします。

　チェックすべきポイントは、次の5つです。

ポイント①：要件を現行業務と比較したか？
ポイント②：体制図やスケジュールに顧客の役割を明記しているか？
ポイント③：非機能要件が書き出され顧客に説明されているか？
ポイント④：開発作業以外の費目は盛り込まれているか？
ポイント⑤：値引きの要望への対処は適切か？

　それでは、順番に詳しく見ていくことにします。まずは1番目の「要件を現行業務と比較したか？」です。第2章で「見積もる前に現状確認を」と説明しました。可能であれば提出するにあたって、**もう一度、提案資料を現状の業務担当者と読み合わせる**ことができればリスクは大幅に低減されます。提出前が難しくても、受注後にプロジェクト計画を詰める際には必ず確認をしましょう。

　特に機能（非機能）要件一覧とフロー図は、自分たちが行っている業務が実現できているかという観点で、実際にそのフロー図で業務ができるか確認してもらいます。

　その結果、業務を実現するために不足している機能があったら、追加見積りを作成しましょう。追加見積りは受注後、フェーズが進んでから提出するほうが難しくなりますので、できるだけ受注前に提示しましょう。

2 見積り完成時の5つのチェックポイント

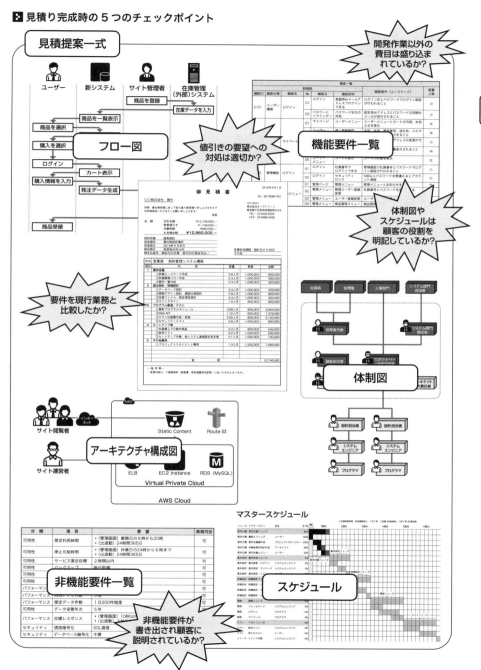

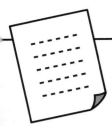

見積り完成時のチェックポイント(2)
体制図やスケジュールに顧客の役割を明示しているか？

　第2章で「体制図で顧客の役割を明確にする」と説明しました。ここでは見積りを提出するにあたって、さらに踏み込んだ確認をしましょう。

　意外と知られていませんが、スケジュールと体制図を組み合わせることで「**責任分界点**」を明確にすることができます。たとえば、体制図に書かれた「コールセンター部門責任者」がプロジェクト計画シートの7行目にあるように「業務部ヒアリング」までに要望をまとめ、開発会社に伝えないといけないことを示しています。「プロダクトオーナー」は各部門責任者の要望を「業務設計書レビュー」までにすり合わせておかないといけないことも記載されています。こうして責任分界点を明示しているのです。

　「責任分界点」のあいまいさは、これまで多くのプロジェクトで問題になってきました。たとえば、「会員登録ができる」という機能を作るとしましょう。そのためには会員と実際に話すコールセンターや事務部門、会員にマーケティングを行う営業部門など関係部門全部と打ち合わせ、各部門の希望ができる限りかなうような機能が必要になります。

　その「要件の調整」を誰がするのかというプロジェクト進行上の「責任分界点」がはっきりしていないことが多いのです。そして新聞をにぎわすような訴訟問題になるようなケースのおよそ90%がこの問題を抱えています。つまり、顧客はそうした要望の基となる業務資料の取りまとめや、仕様を決めるための社内調整までシステム開発に付随するコンサルティングという形で開発会社の責務だと思っている場合が多いのです。

　対してシステム開発会社は、プロダクトオーナーがすべて取りまとめてくれると思っています。結果、訴訟で一番争いになるのは「**プロジェクト進行の責任はどちらにあったか**」です。

　体制図はプロジェクトの参加者の数や責任者の名前を明らかにするだけだと思われがちですが、体制図の役割に対して担当するスケジュールやタスクを明確に記載しておくことで双方の責任分界点を明示できるのです。

■ 体制図とスケジュールの組み合わせ

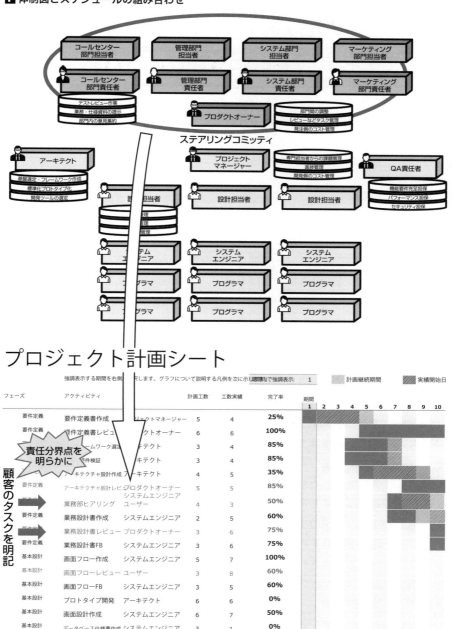

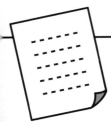

見積り完成時のチェックポイント(3)
非機能要件が書き出され顧客に説明されているか？

　見積資料の完成が近づいた時点で改めて非機能要件を確認しましょう。特に大きな影響を及ぼす非機能要件の代表は**パフォーマンス**と**セキュリティ**、そして**可用性**です。前者2つは皆さんご存じだと思いますので、ここでは可用性について説明します。

　可用性はシステムが稼働し続けられるのがどの程度かを意味します。高可用性を求められれば、インフラをパブリッククラウドなどダウンしにくいものにするだけでなく、バッチ処理やバックアップ処理中もシステムが稼働し続ける必要があったりします。このことは一見アプリケーションへの影響が少ないように見えますが、実際には大きな影響を及ぼします。高可用性が求められるシステムでは「月次計算」などをしながら矛盾なくシステムが通常通り使用できなければなりません。意外と工数のかかる取り組みとなるわけです。

　またパフォーマンステストは想像以上に、環境やデータの準備に時間がかかります。数億件のデータを投入して実機でパフォーマンスを検証するとなれば数億件のデータを生成するプログラムを作らなければなりません。テストのためのデータインポートやエキスポートで数日丸々必要な場合もあります。

　脆弱性についても既知のものは既にフレームワークで対処していたり無償ツールでも診断したりできますが、ネットワークからアプリケーションまで幅広く、かつ最新の情報で確認するためには、検証ツールを購入したりサービスを依頼したりするほうが現実的でかつ迅速に対応できます。

　よって、非機能要件を満たすためにアーキテクチャやミドルウェアを確認するのも当然ですが、見積りを進める上では「**検証コスト**」を特に意識しましょう。同時に検証環境を用意する費用も意識する必要があります。

- パフォーマンステストの準備・実施コスト
- 可用性を実現するための仕組みや可用性をテストするためのコスト
- セキュリティ診断のツール費用やコンサルティング費用
　こうしたものが必要かどうか再度見積りを確認しましょう。

◼ 非機能要件の3つの見積りポイント

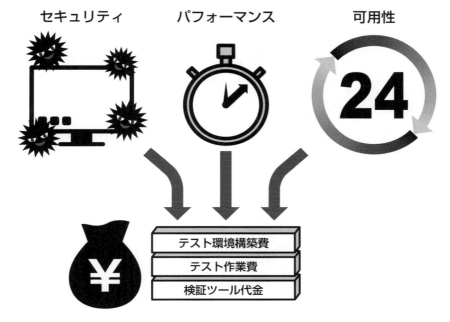

◼ 可用性の例

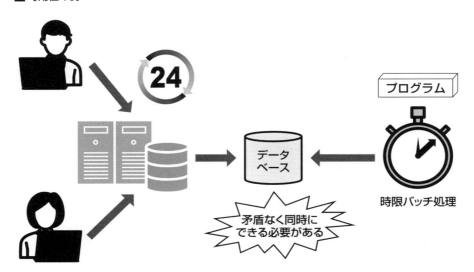

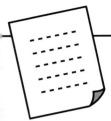

見積り完成時のチェックポイント(4)
開発作業以外の費目は盛り込まれているか？

　ここまで、要件からタスクを抽出し、ソフトウェア開発の作業量を予測することを中心に説明してきました。しかし、それだけでは見積りは完成しません。他にも作成したソフトウェアがシステムとしてユーザーが利用できる状態になるためにはいろいろな費用が必要です。特にIT企業以外の顧客の場合には完成したプログラム一式だけを受け取っても利用することができません。ですので、「直請け」の場合には顧客に代わって顧客がすべきさまざまな作業を請け負わなければいけません。

　実際の見積りでは、**「その他費目」**として、そうした費目について記載されています。たとえば、「全体のプロジェクトマネジメント」についてのマネジメントフィーです。設計作業の進捗を見ながら、顧客へのレビューを割り振ったり、顧客からのレビュー結果を踏まえて今後の進め方を決めたりと、「顧客・開発会社双方にまたがってのマネジメント」を開発側が担うのであれば、その費用はしっかりと計上しておく必要があります。おおむねプロジェクトの規模や顧客との責任割合の取り決めにもよりますが、全体コストの10〜20%くらいを計上することが多いです。

　以下に主要な「その他費目」を挙げておきます。既に顧客要望で挙がっている場合にはあらかじめ確認しておきましょう。

- 本番環境（顧客資産環境）の購入や契約、セットアップなどの準備作業
- ドメインや証明書の取得費用やサーバーへのセットアップ費用
- リリースにあたってのユーザー教育資料の作成や新システムの訓練費用
- 法的に必要な監査書類の作成費用（金融や医療などが中心）
- リリース後の保守費用（瑕疵担保立証責任）

　上記のうち、特に障害対応費用については顧客との認識齟齬が発生しやすいポイントです。従来の日本の商習慣で、メーカーから納品された商品のアフターサービスは当初料金に含まれているという誤解を持たれるケースがあります。原則、アフターサービスには保守契約が必要ですのできちんと説明しておきましょう。

▣ さまざまな「その他費目」

監査資料などのドキュメント作成費用

ドメインなどの取得費用

ユーザー教育費用

リリース後の保守費用

第4章 受注に向けた見積り

見積り完成時のチェックポイント(5) 値引きの要望への対処は適切か？

　ビジネスの見積りでは、値引きは避けて通れない問題です。ITプロジェクトの見積りは、顧客からは常に「想定より高い」と思われています。
　そのため、検討作業とヒアリングを重ねて作成した見積りに対して、「ここから何割引けるんですか？」という質問をよくされます。そこで改めて見積りの5つの資料が活きてきます。ひとつずつ資料を根拠に説明していきましょう。
　また、組織的に「調達部門」という契約窓口があり、選定や要件定義はユーザー部門が行うが、経済条件の決定は調達部門が行う企業も多くあります。本来は、「モノを安くまとめ買い」するための組織ですが、システム開発の発注も調達部門が行うルールになっていることも多いです。多くの場合、調達部門は機能には関知せず、選定にも参加しないため、見積りの金額と費目のみで判断します。その結果、他社見積りなどを根拠にして値引きを要請してくるケースもあります。
　こうしたことがあっても、第1章で説明した通り、**自社で決めた単価を原則貫くべき**です。単価は、自組織で開発した場合の品質と納期を守るために必要な金額として決めているので、他社の金額と比較してもあまり意味はありません。
　それでも受注に際しては値引きに応じなければ先に進まないというシーンはよく見受けられます。値引かなければならない際には、次の点に気を付ける必要があります。

①できるだけ単価は値引かない
②工数（時間）は削れない

　単価を値引くと、今後の追加開発や保守が値引き後の単価が基準となる場合があります。やむを得ない場合には、その発注1回限りの特別な値引き単価と書面に明記しましょう。さもないと今後長く続くお付き合いの土台が築けないかもしれません。値引きを繰り返した結果、利幅が非常に小さく、開発会社が「力を入れられない関係」になってしまうことがあるので注意が必要です。

■ 値引きの計上の仕方

御 見 積 書

2018年9月1日

No：20180901001

○○株式会社　御中

拝啓　貴社御依頼に対し下記の通り御見積り申し上げますので何卒御用命いただきたくお願い申し上げます。

敬具

101-0041
株式会社オープントーン
東京都千代田神田須田町2-5-2
TEL：03-4530-6222
FAX：03-6368-4458

金　額	合計金額	¥12,746,000.-
	営業値引き	¥-746,000.-
	消費税額	¥960,000.-
	お見積金額	¥12,960,000.-

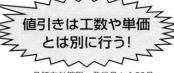

値引きは工数や単価とは別に行う！

契約形態	請負契約
受渡場所	貴社御指定場所
受渡期日	2018年9月末日
検収期日	受渡後30日以内
御支払条件	検収月20日締　翌月20日現金支払い

見積有効期限：発行日から30日
その他

件名	営業部　契約管理システム構築			
項目	内　　容	数量	単価	金額
1	要件定義			
	①詳細ユースケース作成	0.6人月	1,000,000	600,000
	②詳細業務フロー作成	0.3人月	1,000,000	300,000
	③要件一覧作成	0.3人月	1,000,000	300,000
2	基本設計／詳細設計			
	①データベース設計	0.4人月	1,000,000	400,000
	②画面デザイン設計、画面仕様設計	0.8人月	1,000,000	800,000
	③定義ファイル・設定項目設計	0.4人月	1,000,000	400,000
	④サイトデザイン	1.0人月	800,000	800,000
3	プログラム製造／テスト			
	①基幹プログラムモジュール	3.68人月	800,000	2,944,000
	②Web API	1.72人月	800,000	1,376,000
	③テスト仕様書作成／実施	2.65人月	800,000	2,120,000
	④セキュリティテスト	0.6人月	1,000,000	600,000
4	セットアップ等			
	①本番機上での動作検証	0.3人月	800,000	240,000
	②負荷テスト	0.2人月	1,000,000	200,000
	③セットアップ作業、他システム連携設定等支援	0.1人月	1,000,000	100,000
5	その他費用			
	①プロジェクトマネジメント費用	1.3人月	1,200,000	1,566,000
	合　　計			12,746,000

―条 件 等―
・実現内容は、ご提案資料（提案書、御見積費用内訳等）に従ったものとなります。

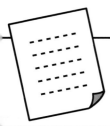
時間は削れない

　値引く際に気を付けるべき話の続きです。気を付ける点の②「工数（時間）は削れない」はさらに重要です。

　次のようなケースを考えてみてください。

　「長い付き合いなんだから1万円を5,000円にまけてよ」。これは受け取り側が良ければ可能です。

　しかし、「1時間かかるの？　長い付き合いなんだから30分でやってよ」というのは無理があるお願いです。もともと手を抜いていたのでなければ、プロが一生懸命やって1時間かかるものが30分で終わるはずがありません。**「時間だけを削ることはできない」**のです。

　見積りの際にも同じことがいえます。3人で3カ月かかるものが「今回は特別に1カ月で終わりますよ」というのであれば、そもそも、当初の見積りは根も葉もないものだったことになります。

　いくら金額を値引いたところで値引いた分だけ工数が減るわけでもないのです。プロジェクト管理上は、あくまで**値引き前の工数で行わなければいけません**。

　全体の20％の値引きを承諾した結果、20％少ない工数で同じ機能と品質が実現できることになっていたりします。必ずプロジェクト管理上の工数は変わらず、金額が変わっただけであることを顧客にも自分の会社にも繰り返し説明しておきましょう。

　原則的に値引きは、要件とトレードオフするべきです。つまり値引いた分だけやることが減っていなければなりません。そのために、見積りをできるだけ細かい粒度で分けて出す必要があります。予算内に収まっていないのであれば改めて見積りを顧客と見返し、ひとつひとつの機能にプライオリティを付け、優先順位の高いものとその関連機能を計上していき、予算内での見積書が完成できるようにしましょう。

　「単価を値引かない」「工数を削らない」を順守するために、見積り完成後に「営業値引き」や「出精値引き」という形で記載しておくといいでしょう。

■ プロジェクト計画は値引き前の計画で！

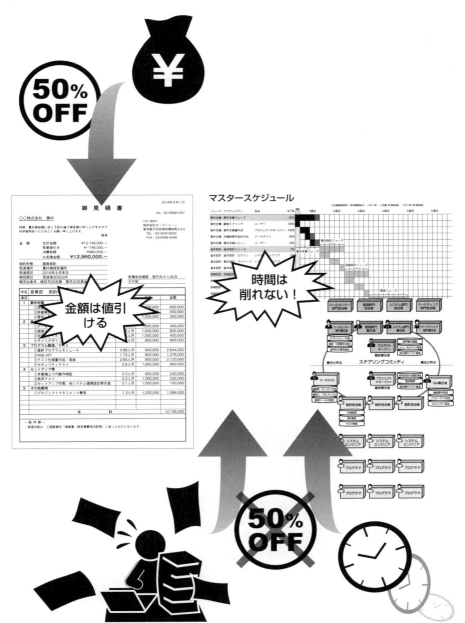

COLUMN

見積りの完成

　見積りが完成したら、最後に提出窓口に送付しましょう。無事、提出期限は守れましたか。厳しい値引きの要求やあいまいな要求、未知の技術要素を乗り越えて目標の粗利を出す形で計画を作れたでしょうか。

　最初の見積りが完成しても、そこはプロジェクトの入り口にすぎません。これからは自身が作成した見積りを実現していかなければなりません。その際にはPDCAなどの確認と修正のサイクルを確立して計画を柔軟に見直す仕組みを作りましょう。

　実際、プロジェクトが進行していく中で、何度も見積り（計画）の見直しを迫られることと思います。何度も詰めたにもかかわらず、要件の漏れ、顧客のビジネス事情の変化による要件の変更、メンバーの退職などによるチームの再編成など、予定通りにいくほうがめずらしいといっても過言ではありません。

　適切な粒度できちんと資料を作り、見積りの根拠を見える化して説明していれば、結果として追加工数・費用が必要になっても適切に要求ができるでしょう。また、こうして用意した資料はプロジェクト計画が可視化でき、より柔軟なプロジェクト運営の手助けとなります。ぜひ見積りからリリースまで、はじめてのマネジメントをやり抜いてみてください。

第4章のまとめ

①実際のビジネスシーンではRFPなど要件がまとめられた資料でやり取りすることがある

②見積りを可視化した資料（機能（非機能）要件一覧、フロー図、アーキテクチャ構成図、マスタースケジュール、体制図）は実際のビジネスシーンでも同じように提供する

③見積り作成後は、「要件を現行業務と比較したか？」「体制図やスケジュールに顧客の役割を明記したか？」「非機能要件は抽出したか？」「開発作業以外の費目を盛り込んだか？」「値引き要求への対処は適切か？」のチェックポイントに注意して見直す

④値引きに際して「時間は削れない」ことを忘れない

第2部
これまでの見積り

第5章
ソフトウェア工学的視点での見積り

　第２部では50年ほど前からさまざまな企業や個人によって研究が重ねられてきた見積手法や方法論について、ソフトウェア工学の観点から説明します。その上で、そうした手法を実際に用いて見積りを行うやり方について解説します。

　まずは、この第５章では、これまでの見積りの歴史を振り返りながら、同時にクライアントサーバー型など従来型のアーキテクチャでの見積りについて解説します。

見積りの歴史

見積手法の誕生

　1960年代以降、主にIBMや米国の政府機関などがコンピューターソフトウェアの重要性が高まったことで見積りについての研究を始めています。1960年代当時のコンピューターシステムは演算が中心だったため機能が限られており、現在より比較的機能の規模感の予測が容易だったことから、ソースコード行数を類似事例から推測し、見積りを出していました。

　その後、標準的な手法を策定する動きが高まります。代表的なものとしては、1979年にIBMのアラン・J・アルブレクト（Allan J. Albrecht）が提唱し、その後改良された**ファンクションポイント（FP）法**があります。ファンクションポイント法の特徴のひとつは、データベース項目や画面項目の数など、プログラミング以外のものを見積りのための尺度としたところです。

　以降は、COCOMO、さらにその発展系のCOCOMO IIやオブジェクトポイント法、（ファンクションポイント法の改良手法である）ISBSG、ユースケースポイント法など、指標の多様化が進みます。近年発表される手法やツールは、これまでに開発された手法や指標を現在の開発課題に置き換えているものが大半です。

見積尺度の共通化

　このように複数の見積手法が登場したことから、見積手法が違っても同じ尺度で計測できるように、工数の尺度の共通化が図られてきました。その一般的な尺度として定着したのが**LOC**（Lines Of Code：ソフトウェアの規模をコード行数で表すこと）とファンクションポイント、そして**MM**（Man-Month：人月）です。MM（人月）は、第1部でも説明したように現在最も使用されている尺度になります。

　これら共通の尺度を用いることで、プロジェクトの「予実」、つまり見積りと実コストの差異を比較検討できるようになりました。

　そうしたソフトウェア工学を用いた見積りや団体・企業が取り組む標準化された手法とは別に、古くから行われている見積りの中で最も一般的なのは**「積み上げ法」**です。その名の通り作業を洗い出して、作業ごとの工数を算出し、その工数を積み上げて見積りとするものです。**積算法**ともいいます。

■ 見積りの歴史と主な手法

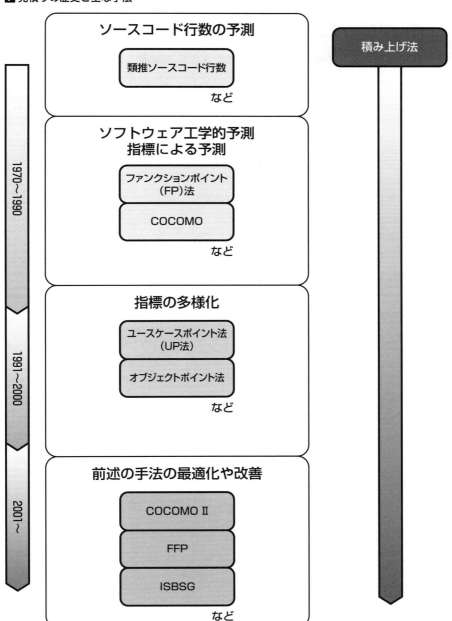

工数と工期の関係

工期の短縮は顧客から最も要求される事柄

　工数と工期、そして金額が見積りの重要な要素であることは、第1章で既に説明しました。本節ではそのうちの工期について説明します。

　顧客に見積りを提示すると、必ずといっていいほど検討を求められるのが**工期の短縮**です。システム開発の経験がない顧客からは、「100人月の開発を100人でやれば1カ月で終わるんですか？」と質問されることもあります。さすがにそれは現実的ではありません。

　しかし、近年ではソフトウェア開発も加速し続けるビジネスと同等のスピードを要求されています。そのため、顧客に見積りを出すと、かつては「ここからいくら値引けるのか？」という質問が大半だったのに対し、近年は「ここから、どのくらい工期を短縮できるのか？」という質問が非常に多くなりました。

工期の短縮はどこまで可能か？

　前述のように、時間を削ることはできません。しかし、コストをかけて要員を増やすことで、「ある程度まで」は作業の並列化により工期の短縮も可能となります。

　それでは、どこまで工期の短縮は可能なのでしょう。これについては、日本情報システム・ユーザー協会（JUAS）が2007年に発表した『ソフトウェアメトリックス調査2007』の調査結果が参考になります。調査結果では、**投入工数の立方根の2.4倍**が統計上の最適工期としています。その計算式に従って算出すると、最適な工期は次のようになります。

- 20人月　……約7カ月
- 50人月　……約9カ月
- 100人月……約11カ月

　10年以上前と少し古い調査ですが、ひとつの参考値にはなるかと思います。また、工期短縮率が30％以上になると急速にプロジェクトの失敗率が上がるとも報告されています。つまり50人月のプロジェクトでは、6カ月以下の作業日数では急速に失敗率が上昇し、困難なプロジェクトということになります。

工数と工期の関係

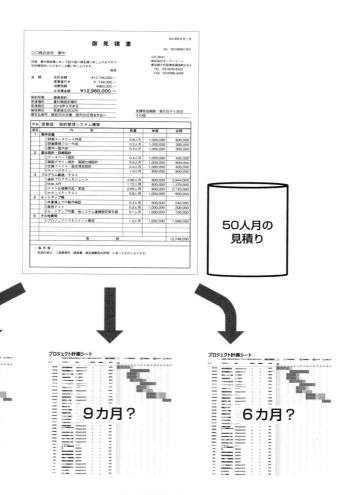

第5章 ソフトウェア工学的視点での見積り

工数の構成を知る

プロジェクト全体におけるプログラミングに対する工数

　ベテランのエンジニアから「昔のプログラミングは今よりも大変だった」という話を聞いたことはありませんか。実際のところ、プロジェクト全体におけるプログラミングに対する工数はどの程度なのでしょうか。

　『ソフトウェア開発データ白書2014-2015』（独立行政法人情報処理推進機構）によると、おおむね次のような割合になっています。

- 工期ベース　基本設計20%　詳細設計18%　開発25%　テスト31%
- 工数ベース　基本設計15%　詳細設計17%　開発34%　テスト28%

　かつてと比べ言語の仕様が発展し、APIの機能が増えました。また、MVCフレームワーク（181ページ参照）によりブラウザ型のWebシステムが簡単に作れるようになりました。IDEの機能も増え、デバッグも各段にラクになりました。その分、年々上流工程やテストの比率がプロジェクトに占める工期・工数の割合で増しているといわれています。

　こうした**統計の割合を参考にする**ことにより、工数の類推も可能になります。かなりの概算になりますが、たとえば基本設計の工数を10人月と見積もったとしたら、「最も一般的なケース」では全工数はほぼ50人月となります。

　統計を上手に使うことで、自分たちのプロジェクト計画が例外的な要素を持っているのかある程度の検討ができます。全体で50人月、先ほどの最適工期に当てはめると9カ月であれば「平均的」といえます。もっと大きな工数か、あるいははるかに短い工期であれば、一般的なケースとの差異を確認しチェックしてみるといいでしょう。

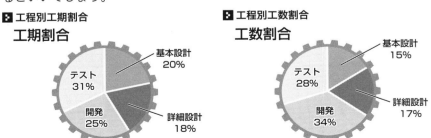

出典：『ソフトウェア開発データ白書 2014-2015』（独立行政法人情報処理推進機構）

クライアントサーバー型の見積り

現在のクライアントサーバー型のソフトウェア開発の特徴

　本書ではクラウドサービスなど、特にWebでのシステム開発に重点を置いて説明してきました。しかし、クライアントサーバー型のソフトウェアはいまだに多数開発されていますし、既存ソフトウェアの更改がなされています。

　実は近年のクライアントサーバー型アプリケーションは、内部的にはhttpで通信しています。Microsoft C#などは一見Windowsフォームですが、標準の開発ではhttpを通してXMLで通信を行う、Webサービスの形式を採っています。暗号化などを独自で開発するより、https通信など既存プロトコルを使うほうがはるかに効率的だからです。

　そのため、Webのインフラの上にそのままクライアントサーバー型のソフトウェアを構築することができます。結果、現在のクライアントサーバー型のソフトウェア開発では、**WebブラウザなどのUIを使用するか、専用のクライアントをインストールして使用するか**、という違いになります。次ページの図では、Webで開発する場合とクライアントサーバー型で開発する場合のそれぞれの理由やメリットを記載しています。

クライアントサーバー型がアーキテクチャとして有効な場面

　以前は「クライアントサーバー型のほうが複雑な画面ができる」という評価がありました。しかし、HTML5などのWebベースのリッチクライアントアーキテクチャが生まれたことで、そうした差はなくなってきています。その結果、機能要件においては、Webアーキテクチャでも、クライアントサーバー型で行えるようになりました。

　それでもクライアントサーバー型がアドバンスを持つアーキテクチャ要素もいくつかあります。最も典型的なのはセキュリティ要件です。ローカルPCのファイル操作や接続されている機器の制御などを、Webブラウザを通して行うことはあまりにもセキュリティリスクが高いため、顧客側の制約がある場合がほとんどです。そうした理由から、クライアントサーバー型もアーキテクチャとして有効な場面はたくさんあります。

　前述のアーキテクチャの選定という観点での違いは、見積りの差異になります。

■ Web クラウドとクライアントサーバーの開発における差異

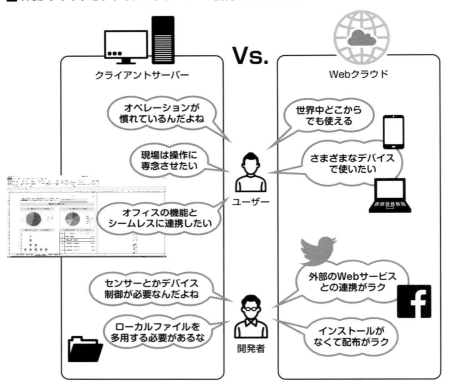

特に大きな違いは**インストール**と**デバイスの対応**です。

　見積りという今回の観点からはインストールの作業が必要ということは、見積り上の作業タスクに追加しなければならないことを意味します。また、対応デバイスを増やすのであれば、その分の開発作業が必要になります。

　見積りという観点からクライアントサーバー型の場合に改めて精査が必要なのは、次の項目です。

- インストール作業
- インストールに関するマニュアル整備を含むインストール支援作業
- 対応デバイスごとにアプリケーションの開発が必要か否か
- ブラウザ特有のセキュリティや仕様の違いの対策が必要か否か

クライアントサーバー型での見積りはタスクごとの見積工数の違いの他に、上記のような相違点の分だけタスク自体を見直して盛り込まなければいけません。逆にいえば、そうした調整を行えば、第1部で説明した手法をそのまま使用できるということです。

コスト短縮より危険な工期短縮

　近年の現場では工期短縮への要望が高まる一方です。実際、見積りを提案する多くの現場では「費用よりも時間（納期）を何とかしてほしい」という要望が数多く挙がっています。

　しかし、システム開発の工期短縮の肝は、要件や基本設計など上流工程のスピードの速さと効率です。つまり、開発会社によるプログラミングやテストのリソースの強化だけではほとんど実現できません。顧客（ユーザー）の意思決定や資料作成の速度を2倍、3倍にも上げる必要があります。テスト作業を行う人数よりユーザー側の仕様検討者レビューの体制こそを2倍、3倍にする必要があるのです。そうした開発会社、顧客側双方の取り組みがあってはじめて最大30％（統計上の限界短縮工期）の工期短縮が可能になります。

　これまで納品が間に合わないときや、工期の短縮要望が強いときは、システム開発業界ではプログラミングやテストなどの後工程で「人をかき集める」ことで対処してきました。しかし、不具合や仕様修正のコストは後工程ほど何倍にも膨らみます。つまり後工程で、開発会社の要員体制強化による、工期を縮める努力は非常に効率の悪い取り組みです。

　したがって、要件定義チームや設計工程のユーザー側のレビュー体制を強化するほうがはるかに効率的な取り組みになります。工期短縮の要望には何より顧客体制の強化を中心とした上流工程の迅速化に取り組みましょう。

第5章のまとめ

① 1970年代辺りからさまざまな方法論が考え出され、現在の見積手法はそうした方法論に基づいて改良や最新化されたものである
② 見積りの共通尺度にはLOCとMMがあるが、現在使用されているのはほぼMMである
③ 最適工期は投入工数の立方根の2.4倍といわれており、30％以上の短縮率はプロジェクトの失敗率が急上昇する
④ フェーズごとの工数の割合は統計上出ており、自分たちの計画に当てはめることで検討する指標となる
⑤ クライアントサーバー型のアーキテクチャでも見積りの手法自体は変わらないが、作業タスクが変わる点に注意する

第2部
これまでの見積り

第6章
ファンクションポイント法による見積り

　本章ではファンクションポイント（FP）法の基本について説明します（歴史的経緯や背景・概要については第1章参照）。本書では従来のファンクションポイント法の資料を参考にした上で、調整要件を「非常に大きく変更」しています。その理由は、ファンクションポイント法が1980年代に開発・推進されてきたため、プロジェクトの具体的な課題を評価する「調整値」（後述）が現在の開発とあまりにもかけ離れてしまったからです。
　ですので、説明の際には多くの箇所で「筆者の見解」と記載しています。したがって、本来のファンクションポイント法について知りたい方は数多くの専門書が出ているので、そちらを参考にしてください（本書では(株)アレア著『失敗のないファンクションポイント法』（日経BP社）を一部参考にしています）。

ファンクションポイント法の進め方

ファンクションポイント法の流れ

　ファンクションポイント法は、次のような流れで進んでいきます。

- STEP1　顧客の要望・要件を抽出する
- STEP2　必要なインターフェースを抽出する
- STEP3　ファンクションに分類し、難易度を決定する
- STEP4　すべてのファンクションのポイントを算出し積算する
- STEP5　プロジェクトごとの特性を検討し、調整係数を算出する
- STEP6　「積算ファンクションポイント値」と「調整係数」から調整後ファンクションポイントを算出する
- STEP7　ファンクションポイントを工数に換算する

　これをもっと簡単にすると、**要望・要件を抽出→ファンクションポイントを算出→調整係数を算出→調整後のファンクションポイントから工数を算出**となります。

　STEP1の要望・要件の抽出とは、要件定義のことです。第2章で紹介したように、機能要件・非機能要件一覧を作成してください。あわせてシステムのフロー図を作成することで、STEP2の必要なインターフェースが明らかになります。それを次ページ以降に紹介するファンクションの分類を行い、難易度を決め、ポイントを算出する流れとなります。

❸ ファンクションポイント法の概要

STEP1 顧客の要望・要件を抽出する

STEP2 必要なインターフェースを抽出する

STEP3 ファンクションに分類し、難易度を決定する

STEP4 すべてのファンクションのポイントを算出し積算する

STEP5 プロジェクトごとの特性を検討し、調整係数を算出する

STEP6 調整後ファンクションポイントを算出する

STEP7 ファンクションポイントを工数に換算する

工数

ファンクションの定義と粒度

5つのファンクション

　第1章では話をわかりやすくするため、あえてインターフェースに限定して話を進めてきました。しかしながら、実際には下表のように複数のものがファンクションと定められています（ただし、これらの分類も20年以上も前に定められたもののため、現在のシステムでは「読み替え」の列を確認してください。なお、読み替えは筆者の見解です）。

5つのファンクションの特徴

ファンクション	概　要	読み替え	略　号
外部入力	主にはユーザーが使用する入力画面	入力画面	EI
外部出力	・ユーザーが使用する出力画面のほか、帳票なども含まれる ・外部照合との違いは、演算や編集を伴う表示を行うかどうか	JavaScriptやアプリケーションなどを使用した動作がある画面	EO
外部照合	単なる一覧表示や存在チェックの出力など機能を伴わない出力を指す	CSSでの表示調整程度の動作のない表示画面	EQ
内部論理ファイル	・もともとはファイルだが、近年ではデータベースが中心 ・他にもKVS（Key-Value Store：NoSQL DBデータストアの一形態）なども含まれる（データの保管という行為を指すと考える）	DBテーブルもしくはファイルかKVS	ILF
外部インターフェース	・他システムとの連携を指す ・ファンクションポイント法が開発された1970年代は、ファイル連携が外部システムとのやり取りの主流だったため、従来のファンクションポイント法では「ファイル」とされていた ・本書ではオンラインでのデータ連携を前提とする	JSONでのデータ交換やWeb APIによるオンラインのデータ連携	EIF

　5つのファンクションは、次の2種類に大別されています。

- **トランザクショナルファンクション**……外部入力、外部主力、外部照合
- **データファンクション**……内部論理ファイル、外部インターフェース

要件定義のアウトプットを解析し、これらの5つのファンクションに当てはめる形で見積りの要素を抽出します。
　なお、ファンクションポイント法の欠点として、**複雑な論理の表現ができない**点が挙げられます。たとえば、画面から入力した名前の画像を表示するとします。その際、単なるデータベースの検索結果なのか、AIが学習成果を通して作り出して表示したものなのかといった違いは、見積り上では表現されません。
　そのため、ファンクションポイント法の見積りにあたってはファンクションで表現できないような複雑な機能は個別に切り出して、別途積み上げ法などで見積もってください。そうしてファンクションポイント法に向いているCRUD型（システムの4つの基本性能を指します。画面などを経由してデータのCreate（生成）、Read（読み取り）、Update（更新）、Delete（削除）などを行うことをいいます）の機能の見積りと最後に合算して、工数を算出しましょう。

ファンクションポイント法を使ってみよう(1)
ファンクションポイントの算出

ファンクションポイント法における見積りの3つのタイプ

ファンクションポイント法では、見積りを大きく**①新規開発計測**、**②機能拡張計測**、**③既存アプリケーション計測**の3つのタイプに分類しています。

上記の中から対象のプロジェクトが新規なのか、機能拡張なのか、改修なのかを選択します。

IC出退勤システムの機能要件一覧を基に見積もってみる

それでは、第4章で作成したIC出退勤システムの機能要件一覧を見ながら見積もってみましょう(下記に再掲)。今回のIC出退勤システムの例では新規開発計測を選択します。

なお、タイプによって計測する内容が増減します。

❸ ヒアリングシートから作成した機能要件一覧

機能一覧					
新機能					機能要件(ユースケース)
機能ID	機能分類	機能名	No.	機能名	機能説明
U-01	ユーザー機能	ユーザーログイン	01	ユーザーログイン	登録済みメールアドレスでログインできる	主任以上の社員はメールアドレスとパスワードでログイン認証が行われること
U-02	ユーザー機能	打刻機能	01	打刻	ICカードで打刻ができる	・事務所入り口のPCにICカードをかざすと出退勤が登録できる ・出勤退勤はマウスクリックでモードを切り替える
			02	打刻切替え	打刻時に出退勤のモード切替え	マウスクリックでモードを切り替える
U-03	ユーザー機能	マイページ	01	マイページ	ログイン情報の確認・変更	パスワードやメールアドレスの変更が可能
			02	ユーザーメニュー	勤務表閲覧	月ごとの勤務表を見ることができる
			03	ユーザーメニュー	勤務表ダウンロード	Excelで勤務表をダウンロードできる
			04	ユーザーメニュー	勤務表変更	勤務表の日付や時刻をクリックすることで変更できる
			05	ユーザーメニュー	勤務表締処理	選択した利用者の締処理を行うことができる
M-01	管理機能	管理ログイン	01	ユーザーログイン	社員番号でログインできる	管理画面に人事部の社員番号とパスワードでログイン認証が行われること
M-02	管理機能	管理メニュー	01	管理ページ	ユーザー登録	・ICカードとID、パスワードを登録できる ・ユーザーの変更・削除ができる
			02	管理メニュー	勤務表変更	締処理がしてあっても変更できる
			03	管理メニュー	データエキスポート	CSVで出退勤データをダウンロードできる

①新規開発計測
(a)実際に導入されるシステムの機能
(b)データをシステムに移行するための機能

②機能拡張計測
(a)追加導入されるシステムの機能
(b)変更されるシステムの機能
(c)削除されるシステムの機能
(d)データをシステムに移行するための機能

③既存アプリケーション計測
　既存システムの全機能

ファンクションポイント法では、計測する機能を下表のように定めています。

ファンクション分類と難易度、ファンクションポイントの関係

ファンクション分類	例	ファンクションポイント		
		容易	普通	難
外部入力	入力画面	3	4	6
外部出力	出力画面	4	5	7
外部照合	表示画面	3	4	6
内部論理ファイル	DBテーブル	7	10	15
外部インターフェース	外部システム連携	5	7	10

　ここで「外部出力と外部照合の違いは何か」という疑問が出てきます。本書では便宜上、外部出力は「スクリプトやアプリケーションなどを使用した動作のある出力画面」（以下、出力画面）とします。外部照合は「動作のない単純な表示画面」（以下、表示画面）とします。本見解は調整値と同じく、ファンクションポイント法を便宜的に簡単にし、かつ現在の開発現場の具体的な課題を取り扱えるようにしたものです。

ファンクションポイントの難易度を決定する

　125ページの表のようにファンクションポイントを決めていきます。しかし、これだけでは外部入力の何をもって「難」とするかがわかりません。そこで、ファンクションごとに参照・更新するテーブル数や項目数によって難易度を決めていきます。

　ファンクションポイント法ではデータ項目数のことを**DET**（Data Elements Type）、参照・更新テーブル数のことを**FTR**（File Type Reference）といいます。

　下表のようにデータ項目数（DET）と参照・更新テーブル数（FTR）で**トランザクショナルファンクション**（入力画面、出力画面、表示画面）の容易・普通・難の区分けをしています。

トランザクショナルファンクションの難易度の決め方

テーブル数／項目数	1～4	5～15	16以上
0～1	容易	容易	普通
2	容易	普通	難
3以上	普通	難	難

　つまり外部入力の場合を例にすると、読み書きするテーブルの数が0～1か、2か、3以上かというFTRと、取り扱う項目数が1～4か、5～15か、16以上かというDETで難易度が決まります。

　したがって、表にあるように「0～1テーブルを使った1～15項目の画面」は、入出力ともに「容易」と判断されます。同じように「テーブルを3つ以上使って5項目以上を表示する帳票出力」は「難」となるわけです。

　経験豊富なエンジニアなら、「1テーブルしか使わず4項目しかなくても、エラーチェックがマトリックスになっているような複雑な機能のほうが大変だ」と思うでしょう。これが先ほど、論理の複雑さなどを表現できないと説明したファンクションポイント法の欠点です。したがって、そうした個別の特性はエンジニアがレビューする中でファンクションポイント法とは別に加味していくしかありません。こうして容易・普通・難が決まったら、次ページの表からファンクションポイント値を算出します。

■ トランザクショナルファンクションの難易度ごとのファンクションポイント

ファンクションの種類／難易度	ファンクションポイント		
	容易	普通	難
入力画面（EI：外部入力）	3	4	6
出力画面（EO：外部出力）	4	5	7
表示画面（EQ：外部照合）	3	4	6

データファンクションの難易度を決定する

次に**データファンクション**（データベース、外部データ連携）です。

ファンクションポイント法ではデータ項目数を**DET**（Data Elements Type）、レコード種類数のことを**RET**（Record Elements Type）といいます。データファンクション（データベース、外部データ連携）の難易度は、下表のようにデータ項目数とレコード種類数で決まります。

■ データファンクションの難易度の決め方

データ項目数／レコード種類数	1～19	20～50	51以上
1	容易	容易	普通
2～5	容易	普通	難
6以上	普通	難	難

2つのデータファンクションについては、上表の難易度に当てはめ、下表でファンクションポイント値の算出を行います。

■ データファンクションの難易度ごとのファンクションポイント

種類／難易度	ファンクションポイント		
	容易	普通	難
データベーステーブル（ILF：内部論理ファイル）	7	10	15
外部システム連携（EIF：外部インターフェース）	5	7	10

ファンクションポイント法を使ってみよう(2)
調整値を算出する

プロジェクトの特性を数値化し評価する

　ここまでで、要件を抽出し、ファンクションを5つに分類し、抽出したファンクションをデータ項目や使用するテーブル数によって、3段階の難易度に分けました。これで基本となるファンクションポイント値が算出できます。

　しかし、ファンクションポイント法では項目の数や複雑さだけでは見積りは完成せず、「**プロジェクトの特性**」を数値化し評価する必要があります。つまり同じログイン画面でも、金融機関が使用するようなものと、社内の簡単なツールでは同じ項目数でも同じ見積りにはならないということです。これをファンクションポイントでは「**調整値**」と呼んでいます。以降でひとつずつ説明していきます。なお、調整値については、前述の通りほとんどが筆者の見解です。

Data Communications（データ通信）

　データ通信は多数のプロトコルのサポートなどによる工数の増大を評価している項目です。しかしながら、http通信が前提の現在の業務システムでは、その評価項目は適さないと思いますので、筆者の見解で修正しています。下表を参考にして調整値の評価を行ってください。

🔢 データ通信の調整値の評価

評価点	評価内容
0	PC型スタンドアロンアプリケーションもしくはバッチシステム
1	Webを含むオンライン前提のサーバーサイドアプリケーション
2	自組織の管理下の他システムとのデータを参照する
3	自組織の管理下の他システムとのデータ参照と更新がある
4	組織の管理外の外部システムのデータを参照する
5	組織の管理外の外部システムのデータを参照し更新する

Distributed Data Processing（分散処理）

　分散処理はオンラインでの処理のある・なしと、双方向性など対象の数を評価する項目です。多数になればなるほど複雑な開発とされました。しかし、本書で

は、現在主流のWebでのアプリケーション開発を念頭に定めています。下表を参考にして調整値の評価を行ってください。

▶ 分散処理の調整値の評価

評価点	評価内容
0	スタンドアロンもしくはユーザーが１人であることが前提
1	・更新、参照ともに複数人が同時に使用する ・同じデータを使用することはない
2	同じデータを使用し、更新、参照ともに複数人が同時に使用する
3	・単一システム内での同じデータを使用し、更新、参照ともに複数人が同時に使用する ・複数処理間のトランザクション一貫性が必要
4	・同じデータを使用し、更新、参照ともに複数人が同時に使用する ・外部システムを含む複数処理間のトランザクション一貫性が必要
5	・同じデータを使用し、更新、参照ともに複数人が同時に使用する ・外部システムを含む複数処理間のトランザクション一貫性が必要 ・データはシステム障害時や災害時にも、トランザクションは複数環境で保持される

Performance（パフォーマンス）

ファンクションポイント法の評価項目に「**パフォーマンス**」という項目があります。下表を参考にして調整値の評価を行ってください。

▶ パフォーマンスの調整値の評価

評価点	評価内容
0	性能に対する特別な要求はない
1	性能条件と設計について要求が明言されレビューが実施されるが、対応要求はない
2	性能条件と要求が明言されるが、原則クラウドの自動拡張などアプリケーションの外部で要求が満たされる
3	・複雑な処理を要求される ・大量のデータや大量のトランザクションの処理を要求される ・大量の項目・処理があるユーザーインターフェースなど実現が難しい性能要求がある ・プログラムの改善やインデックスの見直しなど、開発段階以降で改善可能な範囲とする
4	・複雑な処理を要求される ・大量のデータや大量のトランザクションの処理を要求される

5	・大量の項目・処理があるユーザーインターフェースなど実現が難しい性能要求がある ・性能要求はマストで、非同期通信など設計段階から考慮が必要 ・取引所や罹災対策システムなど性能要求が特別厳しいシステム ・シミュレーションや巨大データをオンラインで使用するビッグデータ処理など、パフォーマンスの達成が困難であるが必須のシステム

Heavily Used Configuration（高負荷構成）

　高負荷構成は、CPUの割り当てなどを評価する項目とされていますが、現在の開発では使用できるプロセッサの数などはほとんど意識しないのでハードウェア面での制約と置き換えています。下表を参考にして調整値の評価を行ってください。

■ 高負荷構成の調整値の評価

評価点	評価内容
0	利用できるハードウェアやインフラの制約はない
1	・一般的な推奨環境が設定されている ・推奨環境下での動作確認が必要
2	・携帯端末やタブレット上などハードウェア制約がある ・へき地など通信環境が悪い状況での使用を意識しなければならない
3	ハードウェアや通信環境に制約があり、他の複数のアプリケーションからリソースの制限を受ける
4	・携帯端末やタブレット上でのハードウェア制約がある ・へき地など通信環境が悪い状況での使用を意識しなければならず、その要求が必須のため、さまざまな環境を用意してテストをしなければならない
5	・携帯端末やタブレット上でのハードウェア制約がある ・へき地など通信環境が悪い状況での使用を意識しなければならず、その要求が必須のため、さまざまな環境を用意してテストをしなければならない ・他の複数のアプリケーションからリソースの制限を受ける

Transaction Rate（トランザクション量）

　従来のファンクションポイント法ではトランザクション量については日次や週次、月次などのピークについての考慮が必要とされています。本書ではトランザクション量については前述の「パフォーマンス」の中で考慮しているので割愛します。

Online Data Entry(オンライン入力)

　オンライン入力が特別だった時代には、オンライン入力量が見積りの指標となりました。本書では現在のアプリケーションに合わせてユーザーインターフェースの数や種類を指標とします。以下に見積りの評価ポイントを4つ挙げました。この4つにどのくらい当てはまるかで、下表の0～5の評価点を決めてください。

①PCとスマートフォンなど入力の手段が2種類以上存在する
②Web APIなど外部に公開する入力手段がある
③USBメモリやデバイスからのデータ取込みがある
④オンライン入力された情報が障害復旧や監査のためにシステム外に保管される必要がある

オンライン入力の調整値の評価

評価点	評価内容
0	スタンドアロンアプリケーションである
1～5	上記①～④の評価項目の数で評価点を決定

End-User Efficiency(エンドユーザー効率)

　従来のファンクションポイント法では、「カーソル移動の自動化」など、エンドユーザーの効率化を図るさまざまな取り組みを多数列挙しています。しかしながら、現在ではクライアント環境が多種多様になり、日々そうした取り組みは変わり続けているので、あくまでも一例として記載します。
　以下に見積りの評価ポイントを7つ挙げました。この7つにどのくらい当てはまるかで、次ページの表の0～5の評価点を決めてください。

①レコメンドや入力補完、前回の入力内容の保存などの入力支援
②エラーとオンラインヘルプとの自動連動などユーザーサポート機能の充実
③視覚障害者へテキスト読上げや出力文字を拡大するなどユニバーサルデザインへの対応
④正確かつわかりやすい詳細なエラーメッセージ体系の構築

⑤画面サイズに合わせたスタイルシート対応などユーザーの利用環境への配慮
⑥プッシュ通知やSNSメッセージなどを使ったユーザーとのコミュニケーションの向上
⑦複数言語への対応

エンドユーザー効率の調整値の評価

評価点	評価内容
0	特に取り組みは行わない
1～5	上記①～⑦の項目数で評価点を決定

Online Update（オンライン更新）

　従来のファンクションポイント法ではオンライン更新のある・なしが大きな焦点となっていましたが、現在ではオンライン更新がないことは考えにくいため、あることを前提にした上で、可用性などの非機能要件への対応を評価項目とします。下表を参考にして調整値の評価を行ってください。

オンライン更新の調整値の評価

評価点	評価内容
0	スタンドアロンアプリケーションである
1	・データ更新は業務時間内に限られる ・業務終了後にバックアップを行う ・復旧は翌営業日以降など、ある程度の余裕を持って行う
2	・24時間365日更新されている ・オンラインバックアップが必要だが、復旧は翌営業日以降など、ある程度の余裕を持って行う
3	・24時間365日更新されている ・オンラインバックアップとホットデプロイの取り組みが必要 ・復旧は数時間単位で迅速に行う
4	・システム環境は二重化されており、二重化間でデータは常に同期されている ・セッションなど一時データは損失しうる
5	・システム環境は二重化されており、二重化間でデータは常に同期されている ・遠隔地とのリアルタイムの同期や、拠点間でのセッションの保護など高度な取り組みが求められる

Complex Processing（複雑な処理）

　従来のファンクションポイント法では、評価項目のひとつとして難解な数式を用いる予測演算や大量のマトリックスを仕様に持つような「複雑な処理」が挙げられています。実際の見積りではAIを使用するとか、音声処理や画像認識あるいは予測モデルを作成するための統計学を必要とする処理など、さまざまな専門性を持つ処理も見積もる場合があります。その場合には該当する複雑な機能を「ファンクションポイント法以外の方法で見積もる」ことを推奨しているため、本項目は評価項目から削除しました。

Reusability（再利用可能性）

　従来のファンクションポイント法では、わざわざ処理を共通化し、APIにして外部呼出しを可能にするなど、再利用を意識した設計開発の場合は「開発コストが大きくなる」という前提で開発に取り組むため工数が増えると考えられています。それに対して、現在の開発では、再利用を前提としない開発のほうが工数が増えてしまうと考えられています。また、再利用性の高いフレームワークやツールによって、最低限度標準化すべき部分は既になされているプロジェクトがほとんどです。

　そのため、本書では、「再利用性を高める取り組み」のコストを割り増すのではなく、「既存技術の再利用が制限されること」による開発コストの増大を指標としました。以下に見積りの評価ポイントを６つ挙げました。この６つにどのくらい当てはまるかで、次ページの表の０〜５の評価点を決めてください。

①実績・経験のあるフレームワークを利用する
②開発組織においてビジネスロジックの標準化がされており再利用できる
③デザインパターンなどを使用し設計が標準化されている
④設計図書のひな形が用意されていて再利用が可能になっている
⑤帳票ツールなど有償・無償のツールが提供されている
⑥最新のIDEを使用し、テストなどが効率的に実施できる

◨ 再利用可能性の調整値の評価

評価点	評価内容
0	上記①〜⑥のうち3つ以上を利用する予定
1〜4	上記①〜⑥の取り組みのうち2つ以上を利用する予定
5	・フレームワークは使用しない ・ツールによる積極的な工数削減の取り組みができない環境

Installation Ease(インストール容易性)

　従来のファンクションポイント法では、「インストールを容易にするための取り組みのコスト」を「複雑さ」として評価していました。かつてはインストーラーを自前で作成し、UNIXやSolarisなど、メーカーごとに違う環境でも動作するようにするためには高いコストを要しました。

　現在ではクラウドサービスによってサーバーデプロイメントやクライアントインストールの要件の評価内容がかつてとは変化しています。本書では主に開発とリリースのサイクルコスト低減化の取り組みができているか否かでインストール容易性を評価しています。現在では、デプロイメントや構成管理といったリリース環境周辺の作業の自動化が進んでいます。そうした自動化の恩恵に授かれるかどうかはプロジェクトのコストに大きく影響します。以下に見積りの評価ポイントを5つ挙げました。この5つにどのくらい当てはまるかで、次ページの表の1〜5の評価点を決めてください。

①GitHubのような構成管理ツールが使用されていて、バージョンやブランチの構成管理が自動化されている
②構成管理ツールやIDEによりソースファイルのマージが自動化されており、履歴の追跡が可能
③リリース前の最低限度の確認テストはCIツールなどで自動化
④Dockerなどのリリースツールを使用し、環境依存情報などが自動的に更新されることで、テスト環境や本番環境へのリリースサイクルが自動的に実行可能
⑤クライアントサイドではドライバやFlash Playerのようなプラットフォーム、あるいは開発したアプリケーションなどのインストールが不要

■ インストール容易性の調整値の評価

評価点	評価内容
0	上記①〜⑤の取り組みを3つ以上採用している
1〜4	上記①〜⑤の取り組みを1〜2つ採用している
5	・ユーザーの各環境にファイル配布が必要 ・アプリケーションの外部でOSやネットワークの設定が必要 ・手順書に従い個別でインストール作業が必要

Operational Ease（運用性）

　DevOpsなどの取り組みが進む中、運用にもさまざまな自動化が進められています。従来のファンクションポイント法では、自動化を行うためのコストを計上していました。しかし、現在の開発では自動化はプロジェクトのトータルコストを低下させることがよく知られています。したがって、再利用性と同じく「自動化できないこと」を加算するように訂正しました。以下に見積りの評価ポイントを5つ挙げました。この5つにどのくらい当てはまるかで、下表の0〜5の評価点を決めてください。

①構成管理と運用が適切に連動し、バージョンやブランチなどの追跡が容易
②障害対応やリリースにあたって開発者・作業者は作業が必要な場合でもリモートでの対応が可能
③ログの監視と切り分けはログレベルごとに自動化されている
④バックアップは自動化されるか、クラウドなどの環境に組み込まれている
⑤クラウドなどの機能によりリソースコントロールを意識する必要がない

■ 運用性の調整値の評価

評価点	評価内容
0	上記①〜⑤の取り組みを3つ以上採用している
1〜4	上記①〜⑤の取り組みを1〜2つ採用している
5	・ポリシーなどによりデプロイメント、構成管理、環境ごとのアプリケーション設定などは、すべて人の立会いを含む直接操作により実現する ・環境ごとにテスト作業が必要

Multiple Sites（複数サイト）

　従来のファンクションポイント法では複数の顧客の環境への対処やインストール作業を考慮していました。現在ではさまざまなブラウザ、PC、そしてスマートフォンやタブレットへの対応・対処を評価します。下表を参考にして調整値の評価を行ってください。

▣ 複数サイトの調整値の評価

評価点	評価内容
0	指定されたブラウザやPC環境でのみ動作すれば良い
1	指定されたブラウザやPC環境と、現行のメジャーバージョンで動作すれば良い
2	ブラウザやPC環境は指定されず、タブレットやスマートフォンなどにも幅広く対応する必要がある
3	・ブラウザやPC環境は指定されず、タブレットやスマートフォンなどにも幅広く対応する必要がある ・いくつかのメジャーリリースの機材やバージョンを用意し、動作確認をしなければならない
4	・複数のバージョンの古いブラウザやOS環境での動作確認をしなければならない ・エミュレーターなどを使用し、論理的に確認ができれば良い
5	複数のバージョンの古いブラウザやOS環境、機材での動作確認・補償をしなければならず、そのために古い機材・実機をそろえなければならない

Facilitate Change（変更容易性）

　従来のファンクションポイント法では、ウォーターフォールプロセスに沿った、工程をさかのぼる変更を前提としない開発における変更容易性を評価する項目でした。現在ではよくあるユーザーからの変更要求を挙げ、見積りの要素とします。以下に見積りの評価ポイントを5つ挙げました。この5つにどのくらい当てはまるかで、次ページの表の0〜5の評価点を決めてください。

①画面デザインの色みやフォントなどをユーザーが変更したい
②ポータルのように利用者がUIの配置やメニューを変更できる
③帳票テンプレートをアップロードし、見た目や表現の仕方を変更できる
④扱うデータの属性項目の追加・変更・削除をユーザーが設定できる

⑤権限や利用可能なメニューを管理者がカスタマイズできる

◆ 変更容易性の調整値の評価

評価点	評価内容
0	上記①～⑤のような要求がない
1～5	上記①～⑤のような要求の数に応じて反映する

ファンクションポイント法を使ってみよう(3)
見積りの作成

最終的なファンクションポイントを算出する

それではこれまでの説明を基に、実際に見積りをしてみましょう。再び、IC出退勤システムで見積りをします。

まず計測タイプですが、125ページの3つのタイプから、今回は新規開発なのでタイプ1を選びます。

タイプ1：新規開発計測
①実際に導入されるシステムの機能
②データをシステムに移行するための機能

今回は②の機能は83ページの「非機能要件一覧」の表にあるように、利用者も50名なので、初期マスターは管理画面から登録します。そのため、「①実際に導入されるシステムの機能」を見積もります。機能ごとのファンクションポイントと難易度の評価を140ページのようにしました。

このように算出した機能のファンクションポイント値に対して120ページにあるように**調整係数**（Value Adjustment Factor：VAF）を掛けて最終的なファンクションポイント値を算出することになります。調整係数の算出の仕方は、前述の12の評価項目を評価し、評価点（0～5点）を積算します。積算した評価点を以下の式に当てはめます。

$$VAF = (評価点の合計 * 0.01) + 0.65$$

結果、次ページの表の通り16という値が出ているので、

$$VAF = (16 * 0.01) + 0.65$$

となり、VAFは0.81となります。

調整後ファンクションポイントは「FP(調整前)＊VAF」で算出します。今回は141ページにあるように調整前ファンクションポイントが127ですので、127×0.81で調整後ファンクションポイントは102.87となります。

③ 評価の一覧と評価内容

評価項目	IC出退勤システムでの評価内容	調整値
データ通信	給与システムとのCSV連動があるため、「自組織の管理下のほか、システムのデータを参照する」とした	2
分散処理	複数拠点から同時に打刻があり、同時に管理画面も使用するため、「同じデータを使用し、更新、参照ともに複数人が同時に使用する。複数処理間のトランザクション一貫性が必要」とした	3
性能	IC出退勤システムの特性上、同時に利用するピーク利用が大変多くなるが、今回は「性能条件と要求が明言されるが、原則クラウドの自動拡張などアプリケーションの外部で要求が満たされる」とした	2
高負荷構成	今回はPCアプリケーションとPCブラウザのみの利用なので、ハードウェア要求の評価は「一般的な推奨環境が設定されている。推奨環境下での動作確認が必要」とした	1
トランザクション量	本書では割愛	―
オンライン入力	少なくとも打刻用アプリとブラウザの2種類は必要なため、「PCとスマートフォンなど入力の手段が2種類以上存在する」とした。他の評価項目は当てはまらなかった	1
エンドユーザー効率	IC出退勤システムでは、組織内の業務システムということもあり、ユーザー支援の要素は非常に低い。ブラウザのスマートフォン利用だけを想定して「画面サイズに合わせたスタイルシート対応など、ユーザーの利用環境への配慮」のみとした	1
オンライン更新	IC出退勤システムの特性上、24時間365日はやむを得ないが、社内向けなので「24時間365日更新されている。オンラインバックアップが必要だが、復旧は停止して翌営業日以降など、ある程度の余裕を持って行う」とした	2
複雑な処理	本書では割愛	―
再利用可能性	今回は以下が可能 ・実績・経験のあるフレームワークを利用する ・帳票ツールなど有償・無償のツールが提供されている ・最新のIDEを使用し、テストなどが効率的に実施できる 「上記のうち3つ以上を利用する予定」とした	0
インストール容易性	今回は、おおむねインストールのコストがかからない取り組みができるが、「クライアントサイドではドライバやFlash Playerのようなプラットフォーム、あるいは開発したアプリケーションなどのインストールが不要」という点でICリーダーのドライバのインストールが必要。そのため調整値は1とした	1
運用性	今回は運用の自動化はすべて行えるので調整値は0とした	0
複数サイト	今回は社内システムなので、複数事業所で採用されているPCとそのブラウザだけ対応できていれば十分とした。「指定されたブラウザやPC環境と、現行のメジャーバージョンで動作すれば良い」とした	1
変更容易性	今回、社内システムなので画面配置などは変更可能にする必要はない。ところが勤務表の形式を職種ごとに変えたいという要望と、利用者の権限は人事部サイドで個別に設定したいという要望があったため、「帳票テンプレートをアップロードし、見た目や表現の仕方を変更できる権限」や、「利用可能なメニューを管理者がカスタマイズできる」という2つを対応可能にしている。そのため調整値は2とした	2
合　計		16

機能ごとのファンクションポイントと難易度の評価

機能説明	機能要件	外部入力	FP値	外部出力	FP値
登録済みメールアドレスでログインできる	主任以上の社員はメールアドレスとパスワードでログイン認証が行われること	容易	3		
ICカードで打刻ができる	・事務所入り口のPCにICカードをかざすと出退勤が登録できる ・出退勤はマウスクリックでモードを切り替える	容易	3		
打刻時に出退勤のモード切替え	マウスクリックでモードを切り替える	容易	3		
ログイン情報の確認・変更	パスワードやメールアドレスの変更が可能	容易	3		
勤務表閲覧	月ごとの勤務表を見ることができる			難	7
勤務表ダウンロード	Excelで勤務表をダウンロードできる				
勤務表変更	勤務表の日付や時刻をクリックすることで変更できる	難	6		
勤務表締処理	選択した利用者の締処理を行うことができる	容易	3		
社員番号でログインできる	管理画面に人事部の社員番号とパスワードでログイン認証が行われること	容易	3		
ユーザー登録	・ICカードとID、パスワードを登録できる ・ユーザーの変更・削除ができる	普通	4		
勤務表変更	締処理後も変更できる	難	6		
データエキスポート	出退勤データをCSVで出力する				
	合　　計		34		7

　IPAの『ソフトウェア開発データ白書2016-2017』によると、15〜20FP程度がおよそ1人月とされています。顧客からの受託に比べて倍以上効率が良いとされる自社内開発ですので、FPの換算値を35FP当たり1人月に仮置きさせると2.9人月となります。

外部照合	FP値	内部論理ファイル	FP値	外部IF	FP値	FP説明
						ユーザーテーブルのみで、データは2項目
		容易	7			ユーザーテーブルと照合し勤務データテーブルに記録する
						画面のモードを変えるのみ
		容易	7			ユーザーテーブルと照合しユーザーテーブルに記録する
						勤務データ、各種マスターなど3テーブル以上を使い30日分のデータを表示・検索する機能
				難	10	勤務データ、各種マスターなど3テーブル以上を使い30日分のデータをExcelで出力する機能
		難	15			勤務データ、各種マスターなど3テーブル以上を使い30日分のデータを表示・検索・修正する機能
		難	15			・月を入力して実行する ・入力値は少ないが、各種マスターを使いながら全ユーザーの勤務データの整合性チェックを行い労働時間を算出する
						管理ユーザーテーブルのみで、データは2項目
		容易	7			・全ユーザーの中から検索する機能も必要 ・ユーザーテーブルと照合しユーザーテーブルに記録する
		難	15			全ユーザーの中から検索し、勤務データ、各種マスターなど3テーブル以上を使い30日分のデータを表示・検索・修正する機能
				難	10	・給与システムへのインポートデータを勤務データテーブルから作成する ・3テーブル以上で15項目以上
	0		66		20	調整前ファンクションポイント:127

COLUMN

見積手法の選定の仕方

　積み上げ法、ファンクションポイント法、ユースケースポイント法など、見積りにはさまざまな手法があります。それでは、どの見積手法を選ぶのが良いのでしょうか。

　答えは、「時間的に可能なら2つの方法を併用する」です。手法によって得意・不得意があるので、その点をチェックしレビューすることがより精度を高めることにつながるからです。

　実際、どの方法でも要件定義を行うことと、その見える化までは同じです。また、見積りで一番手間がかかるのは顧客のヒアリングを含む機能要件定義、次が非機能要件定義です。その際に必要なフロー図や体制図、スケジュールなどの資料も手法が変わっても同じように作成します。そのため、2つの手法を使って比較してみること自体はそれほど困難ではありません。

　本文では積み上げ法はバッファが膨らみやすく、ファンクションポイント法は論理の難しさなどを表現しにくいと説明しました。そうした弱点を補う意味やその後のプロジェクト経過へのリスク回避の意味も込めて2つ以上の手法で数値を出し、比較してみると良いでしょう。

第6章のまとめ

①ファンクションポイント法では5つのファンクションに機能を分類し見積りを行う

②ファンクションポイント法ではまず、「新規開発」「機能拡張」「既存アプリケーション」から見積りの計測タイプを選ぶ

③ファンクションごとにデータ項目数や使用するテーブル数などから、容易・普通・難の3段階に分ける。基準表に従い分けた段階ごとにポイントを付与する

④プロジェクトの特性などを評価し調整係数を算出する

⑤本文中の公式に従い、FP値を算出し、人月に変換する

第2部
これまでの見積り

第7章
ユースケースポイント法による見積り

　本章ではユースケースポイント法（UP法）の基本について説明します（歴史的経緯や背景・概要については第1章参照）。ユースケースは、ユーザー（特にビジネス層）と開発会社の共通言語として想定されています。そのため、そのままユースケースを要件として基準を決めて見積もっていくことで、ユーザーと共有した形で要件の抽出と作業量の予測ができると考えて生み出されました。ゲリ・シュナイダー、ジェイソン・ウィンタース著『ユースケースの適用：実践ガイド』（ピアソン・エデュケーション）の中で紹介されているグスタフ・カールナーによる見積法に、実際の現場のフィードバックを盛り込みながら改善されたものがUMLのユーザー会である「オブラブ」より提供されています。したがって、本章では、原書ではなく、そちらの解説を基にユースケースポイント法について解説していきます。

UMLの基本

図の書き方を決めた標準化の取り組みがUML

　ユースケースポイント法を説明するにあたって、まずその前提となる**UML**（Unified Modeling Language）について説明します。UMLは直訳すれば「統一モデル言語」となりますが、誤解を恐れずにいうなら、「(ソフトウェア設計図における) 図の書き方を決めた標準化の取り組み」とするのが良いと思います。

　歴史的な経緯としては、1980年代にオブジェクト指向開発の取り組みが始まりました。その後、1990年代にはオブジェクト指向開発に適した設計や要件定義が議論されるようになります。1995年にイヴァー・ヤコブソン（Ivar Jacobson）を中心としたグループが、ラショナル・ソフトウェアより初版のUML仕様を発表しました。その後同社がIBMに買収されるなどしていく中でUMLは大規模なソフトウェア開発などでも適用されるようになり、多くの開発現場で採用されていきました。

　今回、見積りに関してはユースケース以外の要素が直接的には関係しません。そのため、UML自体の詳細な説明は割愛します。他に主要な図としては、シーケンス図やアクティビティ図、そしてクラス図などがあります。「言語」などといわれると難しい印象を持ちますが、実際には「図の書き方」を定めているだけですので、ぜひ皆さんも、この機会に勉強してみてください。

ユースケースとは？

　ユースケースとはUMLなどで規定された、ユーザー（アクター）がシステムに対する要件を実現するための利用シーンを記述したものです。原則、システムの「振る舞い」などを記載し、ユーザーがシステムに求めるものが明らかになります。なお、本来アクターは人だけではなく、他システムなど人以外のものも指しますが、本書では簡略化のためにユーザーを念頭に置いて説明します。

　ユースケースは3つの粒度があるとされていて、プログラミング言語などを使わず、ITリテラシーの高くない人でも理解できるように記述するものとされています。たとえば、「ユーザー登録をする」というのは粒度の大きいユースケースです。粒度の大きいままでは見積もることができないので、ユースケースの粒度を見積り可能なレベルまで落としていくことになります。たとえばユーザー登録

■ ユースケースポイント法の概念図

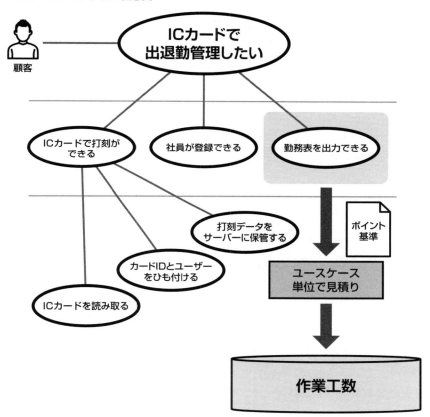

ならば、「メールアドレスとパスワードを登録する」や「連絡先情報を入力する」といったユースケースが考えられます。

　そのため、顧客と開発会社の間をつなぎ、要件を定め、見積りを実施するために適した手法といえます。ユースケースには記述するためのガイドがありますが、あくまでガイドです。「こう書かないといけない」という規定はなく、そうしたルールはプロジェクト内で決めることになっています。

　ガイドとして挙げられている項目は、「ユースケース名」、「版数」、「概要」、「事前条件」、「トリガー」、「基本の経路」、「代替経路」、「事後条件」、「ビジネスルール」、「注」、「作者と作成日」になります。上記の中からユーザーの要望がくみ取れる形で項目を取捨選択し利用してください。

ユースケースポイント法での見積り

ユースケースポイント法の基準

　前節では、ユースケースとは何かを中心に説明してきました。その上でユースケースの粒度を定めて、その単位で見積りを作成する方法が**ユースケースポイント法**です。

　ユースケースポイントはユーザーの要件に基づく「振る舞い」で見積もりますが、課題となるのが「基準」です。ユースケースポイント法では、下表のように基準を定めています。

◼ ユースケースポイント法の基準

	トランザクション数	重み
単純なユースケース	1～3	5
平均的なユースケース	4～7	10
複雑なユースケース	8以上	15

　このように「**トランザクション**」という要素を見積りの基準としています。トランザクションはアクターとの往復するやり取りを指しています。しかしながら、わかりやすくするために本書ではあえてユーザーがリクエスト（入力や操作）してからレスポンスがあるまでの動作とします。たとえば、「IDとパスワードを入力する」というリクエストに対して「ログイン後のメニューを表示する」という往復の振る舞いで1つのユースケースです。

　トランザクションとしてはIDとパスワードという項目を照合する2つの動作があります。したがって、トランザクション数は2で重みは5となります。なお、「重み」はポイントに変換されて工数になるので、「工数の大きさ」を表しています。

　上表を基に、1つのユースケースの重みが決まったら、その重みに「アクターとのやり取りの重み」を下表を参考に算出します。そのユースケース自体の重みとアクターとのやり取りの重みを加算して「重み」として扱います。

◼ インターフェースの難易度

	重み
プログラム同士のやり取り	1
プロトコルを使用したインターフェース	2
画面インターフェース	3

今回は簡略化するために、アクターをユーザーと仮定して説明しています。本来アクターには他システムなども含まれるため、「プログラムによるインターフェース」も記載されます。たとえば、単純な画面を使用したユースケースポイント値は、前ページにある「ユースケースポイント法の基準」の表にある「単純なユースケース」の重みの5と、前ページにある「インターフェースの難易度」の表にある「画面インターフェース」の重みの3を足して8となります。

ユースケースポイント法の流れ

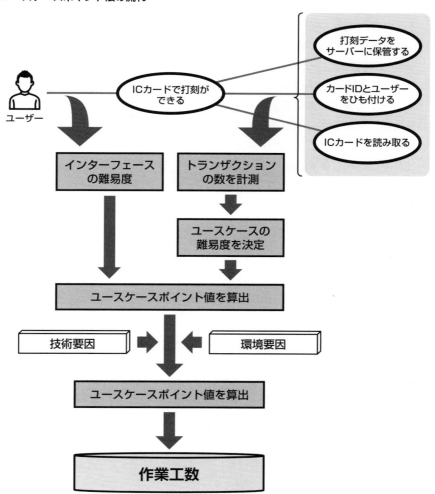

技術や環境要因の係数を算出する

さらに全体的な**プロジェクト要因**を加味します。プロジェクト要因は「分散システム」などの**技術要因**と、チームや顧客に「対象業務に対する知見がない」などの**環境要因**に分かれます。以下が要因と重みになります。

以下の技術要因について、0～5の6段階（0＝無関係、3＝平均的、5＝本質的）にレベル付けしてください。下表にある「システムごとの評価」を実際に埋めてみましょう。

下の2つの表から技術要因と環境要因の2つの係数を算出し、先ほどのユースケースの重みに掛けて算出します。

まず技術要因（TCF：技術要因の係数をユースケースポイント法ではTechnical Complexity Factorといいます）は、表の要因ごとの重みと評価を掛けてすべての要因の合計を算出します。たとえば、「分散システム」を例として非常に難しい5としましょう。その場合には重みの2に評価の5を掛けて10となります。「高度なパフォーマンスの要求」が一切なくて評価が0であれば、1×0で0となります。

こうして算出した値を「**TCF＝0.6＋(0.01×Tfactor)**」という式に入れることにより、技術要因係数が算出されます。たとえば、分散システムだけ評価が5で他が0だった場合には、TCF＝0.6＋(0.01×10)となりTCFは0.7となり

▶ 技術要因の評価

要　因	重　み	システムごとの評価
分散システム	2	0・1・2・3・4・5
高度なパフォーマンスの要求	1	0・1・2・3・4・5
オンラインで効率的に使える	1	0・1・2・3・4・5
内部処理が複雑	1	0・1・2・3・4・5
コードが再利用可能である	1	0・1・2・3・4・5
インストールしやすい	0.5	0・1・2・3・4・5
使いやすい	0.5	0・1・2・3・4・5
移植性が高い	2	0・1・2・3・4・5
変更しやすい	1	0・1・2・3・4・5
セキュリティに特別な配慮が必要	1	0・1・2・3・4・5
サードパーティからAPIを利用できる	1	0・1・2・3・4・5
ユーザーの特別なトレーニングが必要	1	0・1・2・3・4・5

ます。

　環境要因（EF：環境要因の係数をユースケースポイント法ではEnvironmental Factorといいます）は、表の要因ごとの重みと評価を掛けてすべての要因の合計を算出します。たとえば、「採用するプロセス（工程）に慣れている」の評価が5だとします。そうすると重みの1.5に5を掛けて7.5となります。「アプリケーション開発の経験がある」の評価が0であれば、重みの0.5に0を掛けて0となります。

　こうして算出した値を「**EF＝1.4＋（−0.03×Efactor)**」という式に入れることにより環境要因係数が算出されます。たとえば、「採用するプロセス（工程）に慣れている」だけ評価が5で他が0だった場合には、EF＝1.4＋（−0.03×7.5）となり、EFは1.175となります。

■ 環境要因の評価

要因	重み	システムごとの評価
採用するプロセス（工程）に慣れている	1.5	0・1・2・3・4・5
アプリケーション開発の経験がある	0.5	0・1・2・3・4・5
採用する方法論に慣れている	1	0・1・2・3・4・5
リーダーの能力	0.5	0・1・2・3・4・5
モチベーション	1	0・1・2・3・4・5
仕様の安定性	2	0・1・2・3・4・5
メンバーに外注、アルバイトが含まれる	−1	0・1・2・3・4・5
プログラミング言語が難しい	−1	0・1・2・3・4・5

　最終的なユースケースポイント値は「**重みの合計数×TCF×EF**」となります。今回の分散システムだけを5として他の項目を0とした例は単純な画面を使用したユースケースなので、重み8、TCFは0.7、ECは1.175ですから、ユースケースポイントは6.58となります。

　ユースケース法では1UPを20時間としているので131.6時間となります。1人月150時間とすると1人月まではいかないくらいの時間でしょう。

　非常に難しい分散システムとはいえ、プロセスに慣れているメンバーによる1画面の開発で1人月は高いと思われた方が多いのではないでしょうか。本来1つの機能の見積りに使う手法ではないので、こうしたブレが出てしまっています。

ユースケースポイント法で実際に算出する

アクターとユースケースのポイントを加算する

それでは、実際に今回のIC出退勤システムの例で見積りをしてみましょう。

まず、アクターとユースケースのポイントを加算します。そのためにユースケースを抽出します。

■ ユースケース一覧

アクター	機能名	ユースケース名	ユースケース記述	前提条件	事後条件	基本経路	説明
ユーザー	打刻機能	打刻	ICカードをかざし出退勤を打刻する	なし	なし	なし	・事務所入り口のPCにICカードをかざすと出退勤が登録できる ・出退勤はマウスクリックでモードを切り替える
		打刻切替え	打刻時に出退勤のモードを切り替える	なし	なし	なし	マウスクリックでモードを切り替える
ユーザー	ログイン	ユーザーログイン	主任以上の社員がログイン画面を使って、メールアドレスとパスワードでログインする	なし	メニューに進む	なし	主任以上の社員はメールアドレスとパスワードでログイン認証が行われる
管理職ユーザー	マイページ	マイページ	パスワードとメールアドレスを変更する	ログイン済み	メニューに戻る	ユーザーメニュー	パスワードやメールアドレスの変更が可能
		勤務表閲覧	ユーザーを検索してWebで勤務表を閲覧する	ログイン済み、勤務データ打刻済み	メニューに戻る	ユーザーメニュー	月ごとの勤務表が見られる
		勤務表変更	Web勤務表から出退勤時刻を変更する	ログイン済み、勤務データ打刻済み	メニューに戻る	ユーザーメニュー	勤務表の日付や時刻をクリックすることで変更できる
		勤務表ダウンロード	勤務表をダウンロードする	ログイン済み、勤務データ打刻済み	勤務表ファイルが作成される	ユーザーメニュー	勤務表閲覧画面よりExcelで勤務表をダウンロードできる
		勤務表締処理	勤務表締処理を実行する	ログイン済み、勤務データ打刻済み	勤務表がグレーになり変更できなくなる	ユーザーメニュー	選択した利用者の締処理を行うことができる
人事部	管理ログイン	管理者ログイン	社員番号でログインする	なし	メニューに進む	なし	管理画面で人事部の社員番号とパスワードでログイン認証が行われる
	管理メニュー	ユーザー登録	メールアドレスとパスワードを設定しユーザー登録をする	ログイン済み	メニューに戻る	管理メニュー	・ICカードとID、パスワードを登録できる ・ユーザーの変更・削除ができる
		勤務表変更	Web勤務表から出退勤時刻を変更する	ログイン済み	メニューに戻る	管理メニュー	締処理がしてあっても変更できる
		データエキスポート	全社員の当月分の勤怠データをCSVでエキスポートする	ログイン済み	勤務表がファイルが作成される	管理メニュー	CSVデータを出力する

上記のユースケース一覧を基にポイントを算出します。

ユースケースからポイントを算出する例

アクター	機能名	ユースケース名	ユースケース記述	トランザクション数	重み	アクターとのやり取りの重み
ユーザー	打刻機能	打刻	ICカードをかざし出退勤を打刻する	1	5	3
ユーザー	打刻機能	打刻切替え	打刻時に出退勤のモードを切り替える	1	5	3
ユーザー	ログイン	ユーザーログイン	主任以上の社員がログイン画面を使って、メールアドレスとパスワードでログインする	2	5	3
管理職ユーザー	マイページ	マイページ	パスワードとメールアドレスを変更する	2	5	3
管理職ユーザー	マイページ	勤務表閲覧	ユーザーを検索してWebで勤務表を閲覧する	5	10	3
管理職ユーザー	マイページ	勤務表変更	Web勤務表から出退勤時刻を変更する	5	10	3
管理職ユーザー	マイページ	勤務表ダウンロード	勤務表をダウンロードする	2	5	3
管理職ユーザー	マイページ	勤務表締処理	勤務表締処理を実行する	8	15	3
人事部	管理ログイン	管理者ログイン	社員番号でログインする	2	5	3
人事部	管理メニュー	ユーザー登録	メールアドレスとパスワードを設定しユーザー登録をする	5	10	3
人事部	管理メニュー	勤務表変更	Web勤務表から出退勤時刻を変更する	5	10	3
人事部	管理メニュー	データエキスポート	全社員の当月分の勤怠データをCSVでエキスポートする	10	15	3
合計				48	100	36

技術要因と環境要因を加味する

次に技術要因と環境要因を加味します。

まずは技術要因ですが、本件では分散する拠点でも出退勤を管理したい点や、使いやすさにはこだわりたい点などが工数の加算・減算を行う技術要因として該当しています。結果は、次ページの表の評価点欄に記載しています。

▶ IC出退勤システムでの技術要因の分析例

技術要因	重み	評価点	技術要因値
分散システム	2	3	6
高度なパフォーマンスの要求	1	2	2
オンラインで効率的に使える	1	0	0
内部処理が複雑	1	0	0
コードが再利用可能である	1	0	0
インストールしやすい	0.5	0	0
使いやすい	0.5	5	2.5
移植性が高い	2	0	0
変更しやすい	1	0	0
セキュリティに特別な配慮が必要	1	2	2
サードパーティからAPIを利用できる	1	0	0
ユーザーの特別なトレーニングが必要	1	0	0
合　計			12.5

　環境要因については仕様がはっきりしていることで、「仕様の安定性」に5を付けています。他にもプロセスへの慣れや、開発経験の項目などを下表のように評価しました。

▶ IC出退勤システムでの環境要因の分析例

環境要因	重み	評価点	環境要因値
採用するプロセス（工程）に慣れている	1.5	3	4.5
アプリケーション開発の経験がある	0.5	3	1.5
採用する方法論に慣れている	1	3	3
リーダーの能力	0.5	3	1.5
モチベーション	1	4	4
仕様の安定性	2	5	10
メンバーに外注、アルバイトが含まれる	−1	0	0
プログラミング言語が難しい	−1	0	0
合　計			24.5

　今回のIC出退勤システムでのTCFは上表の重みと評価点をすべて掛けて積み上げると12.5となります。その12.5を式に代入すると次のようになります。

TCF＝0.6＋(0.01×Tfactor)　→　0.6＋(0.01×12.5)＝0.725

次に環境要因ですが、表から算出した重みと評価点をすべて掛けて積み上げると24.5です。その24.5を式に代入すると次のようになります。

EF＝1.4＋(－0.03×Efactor)　→　1.4＋(－0.03×24.5)＝0.665

その上で3つの要素をすべて掛け合わせるとユースケースポイントが出ますので、136×0.725×0.665で65.569になります。

1UPが20時間としているので、「65.57×20＝1311.4時間」、月160時間労働と仮定すると約8人月となります。

「提案力」の重要性

　当社では100％エンドユーザーからの直接受注による事業を展開しています。その話をすると、数多くのSE（もしくはSIerの営業担当）の方などから直接受注をするための「コツ」のようなものを聞かれることが多いです。

　あえていうならば、「提案力」がそれに当たると思います。提案には機能性やオリジナリティなども大事ですが、ビジネスプランの確かさも非常に重要な要素です。説得力のある費用感やスケジュールの提案を行わなければいけません。

　自身で見積りをすることができるようになったら、次の段階としてプロジェクト計画の立案に取り組んでください。見積りが承認されて晴れてプロジェクトスタートとなれば、プロジェクト計画書はプロジェクトマネジメントのマスター資料となります。ご自身の立てた計画でぜひマネジメントをやり抜きリリース日を笑顔で迎えてください。

第7章のまとめ

①ユースケースポイント法で使用するUMLは図の書き方を標準化したもの
②ユースケースはアクターとシステムの振る舞いを記述したものである
③ユースケースごとに難易度を決め、その難易度ごとにポイントが決まる
④難易度はトランザクションの数で決まる。トランザクションはアクターとシステムの間の1往復のやり取りで1つと数える
⑤技術要因、環境要因の係数で調整を行う
⑥本文中の公式にて算出し、MM（人月）に換算する

第3部
クラウド時代の見積り

第8章

クラウド時代の
見積りの
技術要素

　第2部では現在の見積りの基礎となる手法や方法論について理解が深まったかと思います。

　続く本章では、クラウド時代の見積りに影響する反復開発、自動単体テスト、Gitをはじめとするチーム開発ツールなどの技術要素や、サーバー管理、DevOpsなどの運用コストの変化や、スマートフォン、AIなどのこれまでになかった技術要素に対する見積方法などについて紹介します。

開発プロセスの変化に伴う見積りの変化

10〜20年前の見積りとの違い

　10〜20年前のシステム開発はウォーターフォールモデルを採用し、要件定義→基本設計→詳細設計→開発→テストの順で見積りの工程を進めていました。各工程で明確な成果物（設計書やプログラムコード）を求められ、次の工程に進むと前の工程に戻ることはありませんでした。

　ウォーターフォールモデルでは前工程に戻らないために、**各工程で明確な成果物**（設計書やプログラムコード）が求められます。要件定義では要件定義書を、基本設計では前工程で作成した要件定義書を基に基本設計書を、詳細設計では前工程で作成した基本設計書を基に詳細設計書を、開発では前工程で作成した詳細設計書を基にプログラムコードを、といった具合です。

■ 過去と現在の見積りの工程

10〜20年前	現在
要件定義 / 基本設計 / 詳細設計 / 開発 / テスト	要件定義 / 基本設計 / 詳細設計 / 開発 / テスト
プログラムの共通ライブラリは内製し、テストは人の手で行うのが基本だったため、とてもコストがかかった。	オープンソースの発展や自動テストの成熟によって、後工程（開発とテスト）にかかるコストが以前に比べて低くなった。その分、要件定義にあてることが可能になった。

　抽象的な事柄をプログラムコードまで具体的に落とし込む方法として、今でもウォーターフォールモデルは機能しますし、現在も大規模なシステム開発では手戻りのリスクを回避するためにウォーターフォールモデルが採用される理由だと思います。

　10〜20年前と比べて、オープンソースや自動テストが成熟し、開発とテストにかかるコストが低くなり、低く抑えられた人的リソースや時間を要件定義にあてることが可能になりました。他にも開発ツールの発展という要素もありますが、これについては次節で解説します。

現在の見積手法のデメリット

　現在の見積手法は厳密な成果物を求めるため、デメリットもあります。

　システム発注者の要件をまとめたものが要件定義書ですが、要件をまとめてから実際にシステムが発注者の目の前に現れるまでに時間がかかるため、「**求めていたものと違う**」ということがあります（そうならないために試作品となるWebサイトやシステムを使って説明する方法もあります）。

　厳密な成果物を作成するには時間がかかるため、要件定義の段階でシステム化をして解決したいと思っていた課題が時間の経過に伴って変化し、システム化が完了した頃には既に課題ではなかったり、開発中に優先度の高い別の課題が発生していたりといったケースもめずらしくありません。ましてや昨今の変化の激しい時代においては、そのほうが当たり前といって良いでしょう。

反復開発で状況の変化に柔軟に対応する

　このような状況の変化に柔軟に対応する方法として、**システムの各機能を短い周期で反復して開発する手法**も生まれました。この方法では、システムが発注者の目の前に現れるまでにかかる時間が短く、「求めていたものと違う」ということになっても、すぐに軌道修正が可能となります。また、短い周期で開発するため、システムで解決したい課題の変化にも追随できます。

　下図のように、ウォーターフォールモデルでは発注者がシステムをレビューする機会が1回なのに対し、スパイラルモデルではレビューを複数回行いながら徐々

完全なウォーターフォールモデルとスパイラルモデル

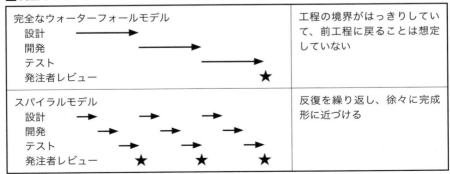

に完成形に近づけます。

ウォーターフォールモデルでは各工程で定義書や設計書などの成果物を求めていましたが、反復開発では多くの成果物の作成を省略し、実際に動作するシステムを作成することに注力します。

コーディングを繰り返すので、テストも繰り返し実施します。そのためテストに工数を取られないようにテストを自動化します。

また、テストに通過したらデプロイをする必要があるため、デプロイも自動化します。

◼ 多くの工程を自動化する

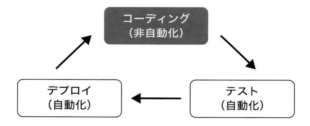

このように、多くのことを自動化することで、よりシステム全体の方向性や戦略、利用者のフィードバックなどに集中できるようになり、効率的なシステムの構築につなげることが可能になります。

反復的な開発スタイル

これまで多く採用していたウォーターフォールモデルでは、工程を戻すことはしません。たとえば、詳細設計を行って顧客とレビューして合意が取れた場合、そこで詳細設計が完了となり次のコーディングに進みます。その際に詳細設計完了報告書を作成し、顧客にハンコを押してもらうのが一般的でした。それにより詳細設計の内容を双方が合意したとみなし、同時にそれ以上変更できないことを証明できます。詳細設計完了報告書にハンコを押してもらえたということは、コーディングに必要な仕様（テーブルや画面項目、入力チェック内容など）はすべて確定した状態であるということです。

過去のシステム開発では、今のように多様なフレームワークがなく、多くを自

分たちで開発していました。設計や開発、テストなどシステム開発の大部分を自分たちで行うと、手戻りはそのまま自分たちのコストや工期に直結します。ですから、手戻りをしない開発手法としてウォーターフォールで開発を進めるのが一般的でした。

しかし、今では**オープンソースプロダクト**が多様になり、それらを組み合わせて、今まで自分たちで開発していた部分の多くをカバーできるようになりました。多くの設計・開発・テストをオープンソースプロダクトでカバーできるおかげで、自分たちにしかできない部分に集中でき、コストや工数を下げることが可能となりました。

このオープンソースプロダクトをうまく活かし、いかに設計と開発とテストのコストを下げるか、いかにシステム化したい部分に設計と開発を集中させるかが課題となっています。

■ オープンソースプロダクトを活用する

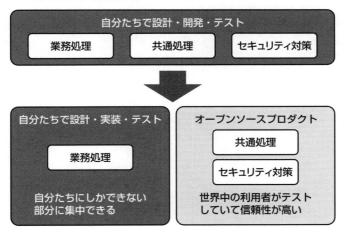

自分たちにしかできない部分に集中できるようになった結果、開発スタイルにも変化が出てきました。

今までは手戻りのコストがかかることから、できる限り手戻りが起きないように、石橋をたたいて渡るように設計・開発・テストをしていましたが、オープンソースプロダクトを使用する分、コストがかからなくなり、さらに石橋をたたいて渡るように設計・開発・テストをしている自分たちの作業部分も効率が求め

られるようになりました。その結果、今では反復的な開発スタイルが多く採用されています。反復的な開発スタイルは、**設計→開発→テスト→リリース**を繰り返します。

　最初は初歩的な機能や必要最低限の機能だけでリリースをし、顧客の意見やビジネスシーンの変化を見極めながら徐々にシステムを構築していきます。それにより顧客にシステム化部分をいち早く提供することが可能になります。

　この反復の間に、以前実装した部分に改修が入る（もしくは不要となる）ことも多々あります。ですが、それよりも動くシステムを早く提供しフィードバックを得ながら構築するほうが、結果的にコスト・工数ともに少なく済むようになります。

　この反復は半年や2カ月などの長期の場合や、2週間や1週間などの短期の場合があります。長期のものは**スパイラルモデル**といわれ、昔からウォーターフォールモデルと比較されてきました。短期のものはそれよりも現代的で**スクラム**や**アジャイル**と呼ばれています。

　この反復的な開発、特に短期の開発を繰り返す手法を支えるのが**自動単体テスト**です。自動単体テストがあるおかげでシステムを改修した際の影響範囲を検知することができます。自動単体テストは、作成したプログラムが正しい結果を返すかを研修するプログラムで実現します（自動単体テストについては、詳しくは164ページで解説します）。

大きく変わったテストや開発のコスト

IDEによる見積りのコストの変化

　前節では、開発プロセスの変化に伴う見積りの変化を見てきました。このように後工程のコストが下げられるようになったのにはいくつかの理由があります。本節では、それぞれの理由について、詳しく見てみましょう。

　まず取り上げるのは**IDE**（Integrated Development Environment：**統合開発環境**）です。近年のIDEはオープンソースでも作られるようになり、多くの人がIDEを用いて開発ができるようになりました。

　IDEにはプラグイン機構が実装され、簡単に機能を追加できるようになったことで、リファクタリング機能やコード自動生成機能が充実しました。

　昔はシステムの規模を測るのにコードの行数を基にしていました。たとえば、次のように利用者区分（userKind）が「法人」「大人」「子供」の場合に、それぞれの手数料を返す関数があったとします。

❷ Aさんが書いたコード（条件ごとに注文を羅列したコード）

```
int getUserFee(int userKind) {
  if (userKind == COMPANY) {
    return COMPANY_FEE;
  } else if (userKind == ADULT) {
    return ADULT_FEE;
  } else if (userKind == CHILD) {
    return CHILD_FEE;
  }
  return OTHER_FEE;
}
```

利用者区分（userKind）が「法人」「大人」「子供」の場合に、それぞれの手数料を返す

　あるエンジニアAが書いたこのifを羅列した関数の行数は10行です。
　一方、エンジニアBは次ページのように書くかもしれません。

◪ Bさんが書いたコード（三項演算子を用いたコード）

```
int getUserFee(int userKind) {
  return userKind == COMPANY? COMPANY_FEE:
    userKind == ADULT? ADULT_FEE:
    userKind == CHILD? CHILD_FEE: OTHER_FEE;
}
```

＞ 三項演算子を使うことで短く簡潔になった

　ifよりも行数を省ける三項演算子を使ったこの関数の行数は5行になり、先ほどの関数より短く簡潔になりました。

　けれども、エンジニアCは、ifや三項演算子が並ぶのを嫌い、次のように書くかもしれません。

◪ Cさんが書いたコード（連想配列を用いたコード）

```
static Map<Integer, Integer> feeMap = new HashMap<>();
static {
  feeMap.put(COMPANY, COMPANY_FEE);
  feeMap.put(ADULT, ADULT_FEE);
  feeMap.put(CHILD, CHILD_FEE);
}
int getUserFee(int userKind) {
  return feeMap.containsKey(userKind)?
    feeMap.get(userKind): OTHER_FEE;
}
```

＞ 連想配列を用い、利用者区分と手数料を追加すれば関数に修正を加える必要がなくなる

　もし利用者区分が追加となった場合は、連想配列（feeMap）に利用者区分と手数料を追加すれば関数に修正を加えることなく対応が可能となり、汎用性を持たせることができます。行数はエンジニアBの三項演算子を使ったものより多く、エンジニアAのものと変わりませんが、汎用性というメリットを得ることができました。

　ところが、エンジニアDは、利用者区分以外の区分による処理の分岐は今後も増えることを想定し、次ページのように利用者をクラス階層で表現するように実装しました。

■ Dさんが書いたコード（ポリモーフィズムを用いたコード）

```java
abstract static class User {
    abstract int getFee();        // ポリモーフィズムを用い、今後
}                                 // 手数料以外の要素の追加にも漏
static class Company extends User {   // れなく対応が可能
    int getFee() {
        return COMPANY_FEE;
    }
}
static class Adult extends User {
    int getFee() {
        return ADULT_FEE;
    }
}
static class Child extends User {
    int getFee() {
        return CHILD_FEE;
    }
}
static Map<Integer, User> userMap = new HashMap<>();
static {
    userMap.put(COMPANY, new Company());
    userMap.put(ADULT, new Adult());
    userMap.put(CHILD, new Child());
}
public int getUserFee(int userKind) {
    return userMap.containsKey(userKind)?
        userMap.get(userKind).getFee(): OTHER_FEE;
}
```

　ここではオブジェクト指向が加わり、手数料の取得はポリモーフィズムで表現されています。このことにより、今後、手数料以外の要素の追加（利用者区分の違いにより税率が変わるなど）にも漏れなく対応が可能となります。ですが、コードの行数は最も多く、28行にもなってしまいました。

　しかしながら、どのプログラムも結果に違いはありません。動けば良いというレベルのプログラムで良ければエンジニアAのifの羅列でも良かったでしょう。その場合は10行で実装できます。

汎用性を持たせたいと思うならエンジニアDの実装も良いでしょう。その場合は28行の実装になります。
　このように実装の仕方や思想で、同じ処理結果となるのにコードの行数は大きく変化します。したがって、**コード行数でシステム規模やテスト項目数を測るのは避け**、ファンクションポイント法など、ソフトウェアの規模を計測する手法を用いるようにします。
　IDEが発達した現代では、IDEのリファクタリング機能やコードの自動生成機能によってコード量は大きく変化するので、コード行数でコストを見積もることは時代遅れといえるでしょう。

劇的に変化した自動単体テスト

　単体テストは、在庫管理システムの商品登録画面に対するテストや会計システムの伝票入力画面に対するテストなど、**ある閉じられた機能についてテストをすること**です。

▶ 単体テストの仕組み

　その画面のすべての入力欄に対して決められた桁数の文字が入れられるか、整数のみとした入力欄に小数は入力できないかなどをテスト仕様書に書き起こしテストを実施します。
　もうひとつ単体テストと呼ばれるものとして、**作成したプログラムが正しい結果（戻り値）を返すかを検証するプログラムを記述する**というものがあります。単体テストはユニットテストもしくはUTと呼びます。
　便宜上ここでは前者の単体テストを手動単体テスト、後者を自動単体テストと

呼びます。

　手動単体テストは文字通り実際にテスト対象のプログラムを人の手で操作して検証します。メリットは、実際に操作して人の目で結果を確認するので、その結果が正しいのか間違っているのかが一目瞭然なところです。デメリットは、人が行うのでテスト項目が多かったり、テスト対象のプログラムが多かったりするとそれだけ人と時間が必要になることです。

　それに対し、自動単体テストはテストをプログラムに行わせるので、人の手で操作することはありません。たとえば、次のような2つの整数を渡したら、その2つを合計した整数を返すプログラム「Calculator」があったとします。

■ 合計した整数を返すプログラム「Calculator」

```
class Calculator {
  int add(int val1, int val2) {    ← 2つの整数を渡したらその2つを合計した整数を返す
    if (val1 > 0) {
      // val1が正数の場合
      if (Integer.MAX_VALUE - val1 < val2) {
        // 整数最大値からval1を引いた値より
        // val2が大きいと桁あふれする
        throw new ArithmeticException("overflow");
      }
    } else {
      // val1が負数の場合
      if (Integer.MIN_VALUE - val1 > val2) {
        // 整数最小値からval1を引いた値より
        // val2が小さいと桁あふれする
        throw new ArithmeticException("overflow");
      }
    }
    return val1 + val2;
  }
}
```

　このプログラムをテストするには、自動単体テスト用のプログラムを作成し、単純に1と1を渡して2が返ってくるか、という正常系のテストを記述します。続いて桁あふれするような値を渡したときにエラーとなるか、という異常系のテストを記述します。他にも上限値チェックなどを記述します。

◼ 「Calculator」をテストするプログラム

```java
public class CalculatorTest {
  public CalculatorTest() {
  }
  @Test
  public void 正常系テスト() {          ◀──────  正常系テスト
    Calculator calc = new Calculator();
    assertThat(calc.add(1, 2), is(3)); // 1+2は3となるか？
    assertThat(calc.add(5, 2), is(7)); // 5+2は7となるか？
  }
  @Test
  public void 異常系テスト_プラス値境界値() {  ◀──────  異常系のテスト
    Calculator calc = new Calculator();                (プラス値の境界値)
    assertThat(calc.add(
      Integer.MAX_VALUE, 0),
      is(Integer.MAX_VALUE)); //整数最大値プラスゼロは演算可能
    try {
      // 整数最大値プラス1は桁あふれ
      calc.add(Integer.MAX_VALUE, 1);
    } catch(ArithmeticException e) {
      assertTrue("overflow".equals(e.getMessage()));
      return ;
    }
    fail();
  }
  @Test
  public void 異常系テスト_マイナス値境界値() {  ◀──────  異常系のテスト
    Calculator calc = new Calculator();                  (マイナス値の境界値)
    try {
      // 整数最小値プラス-1は桁あふれ
      calc.add(Integer.MIN_VALUE, -1);
    } catch(ArithmeticException e) {
      assertTrue("overflow".equals(e.getMessage()));
      return ;
    }
    fail();
  }
}
```

自動単体テストのメリットは、プログラムなので**何度でも繰り返しテストを行うことができる**ことです。デメリットは、プログラムなのでテストプログラム自体にバグがあると、テストがテストではなくなってしまうことです。また、テストプログラムを書くこと自体にもプログラミングの工数が加わるため、コードの行数が多くなってしまいます。見ての通り、プロダクションコードよりも多くのテストコードが必要な場面もあります。

　自動単体テストではなくシステムの機能を手動で単体テストをする場合、仮にプログラミングを5人日、単体テストを3人日の合計8人日とすると、自動単体テストのためのプログラムを書く工数は手動でテストを1回行う工数より一般的に大きくなって5人日ぐらいかかり、合計で10人日ぐらいと、手動でテストをするより自動テストのためのプログラムを書くには時間がかかります。

チーム管理ツールの発達による開発コストの変化

　自動単体テストは開発の段階で作成するため、開発時が最も利用頻度が高いです。自身が開発しているプログラムを自身でテストするために利用します。

　次いで利用頻度が高いシーンが、他の開発者が開発したプログラムが既存のプログラムに影響していないかをテストするシーンです。ある開発者が書いたプロダクションコードとそのテストコードはローカルでテストした後にソース管理システムにコミット（登録）し、コミット後は**CI**ツールなどのビルド・テストツールにより、他の開発者がコミットするたびにすべてのテストが自動的に実行されます。大規模なシステムのテストには多くのリソース（特に時間）が必要なので、それを肩代わりしてくれるCIツールの存在はとても大きいといえます。また、**GitHub**のようにチーム開発を円滑に進めるソース管理の仕組みも開発コストを抑える要因となります。

　CIツールとGitHubと自動化テストを組み合わせることで、今まで人手で行っていたデプロイまでの作業を自動化できます。

　ソース管理システムのGitを利用する際に多くの現場が採用する仕組みであるgit-flowの場合、大きく次の4つのブランチを使って開発を進めます。

- master → プロダクション環境（本番環境）にデプロイするコード一式
- release → ステージング環境（テスト環境）にデプロイするコード一式

- develop → 開発を行う既定のコード一式
- feature → developブランチから分岐した個々の開発コード一式

　Gitの環境構築時はmasterブランチが作成されます。続いてmasterブランチから分岐したreleaseブランチと、releaseブランチから分岐したdevelopブランチを作成します。ここまでがGitを利用する準備段階です。

◼ Gitを利用する準備→各ブランチを作成する

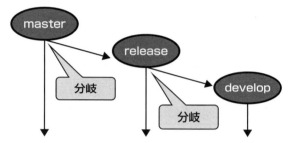

　開発を始める際はまずdevelopブランチから分岐し、開発案件のfeatureブランチを作成します。

◼ 開発を始める→featureブランチを作成する

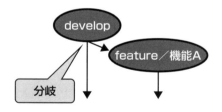

　開発が完了したらfeatureブランチの内容をdevelopブランチにマージします。

◼ 開発の完了→featureブランチをdevelopブランチにマージする

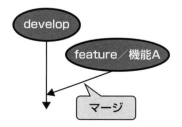

プロダクション環境にアップする前のテストをステージング環境で実施しますが、ステージング環境にアップするモジュールを作成するためにdevelopブランチの内容をreleaseブランチにマージします。

■ **ステージング環境用モジュールの準備→releaseブランチにマージする**

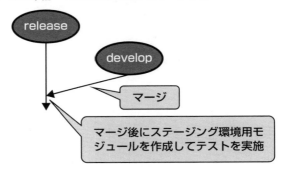

　ステージング環境でのテストが完了したら、プロダクション環境にアップするモジュールを作成するためにreleaseブランチの内容をmasterブランチにマージします。

■ **プロダクション環境用モジュールの準備→masterブランチにマージする**

　このように、releaseブランチにマージが行われたらステージング環境にアップするためのモジュール、masterブランチにマージが行われたらプロダクション環境にアップするためのモジュールを作成するのが自明ですので、それぞれのマージが行われたことをフックにして、**モジュール作成を自動化する**ことが可能です。モジュール作成以外に、developブランチにマージが行われたら自動単体テストを実行することもできます。

◼ マージをフックにして各種自動化を実行

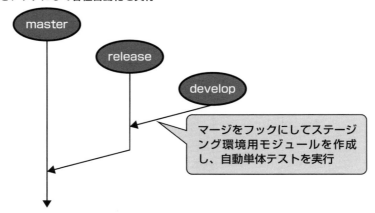

　このフックを起点にしてモジュール作成と自動単体テストの実行をコントロールするのがCIツールです。
　このCIツールにより、リリースモジュールの作成が自動化され、テストが自動実行され、リリース手順も自動化されます。
　今まではリリースモジュールの作成やリリース作業は人が行っていたのでリリースの失敗によるサービス停止がありました。
　リリース作業はミスの許されない作業なので、慎重な手順の実施が必要となり、大変な重圧があります。複雑なシステムになるとリリースモジュールの作成だけで半日や終日の作業となるため、頻繁なリリースは現実的ではありませんでした。しかしながら、CIツールやそれと連携できるソース管理システムの登場により、頻繁なリリースが可能となったのです。

システム全体のコスト構造の変化

インフラやサーバー管理のコストの変化

　先ほどまでは主に開発のフェーズにおける見積りへの影響を見てきました。本節では、インフラにフォーカスを当てて見積りの変化を見てみましょう。

　サーバーをオンプレミス環境、サーバーホスティング環境もしくはクラウド環境のいずれで構築するかは、システムが要求するサーバースペックや管理コストの面から検討する必要があります。

　オンプレミス環境は、サーバーを設置する場所を自前で用意し、そこに調達したサーバーを設置して運用します。既にサーバールームがある場合には問題ありませんが、そうでない場合には初期費用がとてもかかります。けれども、ハードウェアも、その中のソフトウェアもすべて自社内にあるので、どのようなスペックのサーバーを設置するかなどを含めて、すべてを自分たちでコントロールできます。逆にいうと、すべてをコントロールしないといけないので、ハードウェア障害の監視と障害対応を含むすべてを自分たちで行う必要があります。

　サーバーホスティング環境は、サーバーをレンタルし、そこにソフトウェアを導入して利用します。ハードウェアとサーバーの設置場所はホスティング会社が用意するので、オンプレミス環境のようなサーバールームの準備やハードウェアの設置は不要になります。ホスティング会社がハードウェアの監視を行い、障害が発生した際には対応をしてくれるので、そういった監視と障害対応の費用は不要になります。しかしながら、サーバーを他の利用者と共有するケースもあるので、その他の利用者がサーバーに負荷をかけた場合に、自身のサービスも影響を受けてしまう場合があります（影響を受けないために専用サーバーをホスティングするオプションもあります）。

　クラウド環境は、サーバーをレンタルするという意味ではサーバーホスティング環境と変わりませんが、どちらかというとリソースをレンタルするイメージです。サーバーホスティングは1台いくらという契約ですが、クラウドは台数に依存しません。また、利用できるサーバーのスペックも種類が豊富です。料金はどのスペックのサーバーを、どれぐらいの時間起動しているかの従量課金となるため、料金が読みにくい場合があります。

　開発を行おうとしているシステムが1拠点で使用する社内Webシステム、たとえば人事部で使用する社員管理システムだったとしたら、サーバーを手配する

サーバーを構築する環境

環　境	特　徴	メリット	デメリット	コスト
オンプレミス環境	サーバーと設置場所を自前で用意する	サーバーを独占使用できる	・サーバー運用をすべて自前で行う ・サーバー購入などの初期費用がかかる	サーバーの購入、設置場所の賃料
サーバーホスティング環境	サーバーと設置場所をレンタルする	サーバーの監視をホスティング業者に任せられる	・サーバーのスケール（増減／拡大・縮小）がしにくい ・他の利用者とサーバーリソースを共有する	サーバー月額使用料
クラウド環境	サーバーリソースやサービスをレンタルする	・必要なときだけサーバーリソースを借りることができる ・スペックの種類が豊富	従量課金なので利用料金が予測できないときがある	リソースやサービス使用時間に応じた従量課金

際のスペックの見積りは比較的容易だと思います。なぜなら、利用は平日の日中だけで、同時接続数は人事部の人数に限られ、データ量も見積りしやすいからです。このような場合は自前でサーバーを用意し運用するオンプレミス環境もしくはサーバーホスティング環境で調達するほうがサーバースペックも費用の見積りも容易でしょう。

　一方、インターネットで公開する24時間利用可能なサービスで同時接続数は世界中からという場合、接続数やデータ量が予測できないため、オンプレミス環境もしくはサーバーホスティング環境は向いていません。この場合、クラウド環境のほうが、急なアクセス数の増加や利用者の増加にもスケールアップ・スケールアウトともにしやすいことから適しています。

　オンプレミス環境やサーバーホスティング環境は、導入初期にシステムのスペックと費用の見積りができる場合には有利ですが、一方で導入後にシステムをスケールアップ・スケールアウトするのは難しくなります。

　クラウド環境は、導入初期にシステムのスペックの見積りが難しい場合に有利です。なぜなら導入後のスケールアップ・スケールアウトが容易なので、まず小さな構成でサービスを開始し、利用者が増えてきたらスケールアップやスケールアウトすることができるからです。ただし、初期導入コストが低い反面、従量制の料金体制のため、利用していないサーバーインスタンスはシャットダウンする、不要なファイルはストレージから削除する、といったことをしないとムダな料金がかかります。従量課金を避けたいのなら、他のオンプレミス環境にするか、クラウド環境にするかを検討する必要があります。

開発環境とステージング、そして本番へ

　今までのリリース作業は、ソース管理システムからソースコード一式を払い出し→設定ファイルの更新→1つのファイルに圧縮→サーバーに転送→解凍という作業を手作業で行っていました。

　しかし、前述したCIツールを用いることで、リリース作業は自動化でき、リリース作業自体の時間を大幅に短縮できるようになります。

　毎週のようにリリースがある場合、年間に50回近いリリースを行う必要があります。1回のリリース作業に動作確認も含めて2時間かかっていたとすると、50回リリースするのに2時間×50回＝100時間＝14人日が必要となります。けれども、CIツールを用いて自動化すると、この2時間が短縮できるため、リリース作業にかかる時間は大幅に削減できます（CIツールは自動化ツールなので、人の手を介していないという意味では0時間と解釈できるかもしれません）。

　開発を行い、それが本番環境にリリースされるまでには、大まかに3つの環境を経由します。はじめに開発者が開発を行うための「**開発環境**」、次に各開発者が開発した成果物を1つにまとめリリース前のテストを行う「**ステージング環境**」、ステージング環境でのテストが完了したら最後に「**本番環境**」（プロダクション環境と呼ぶこともあります）にリリースし、実際に利用者が利用できるようにします。

　このように開発したプログラムを開発環境から本番環境に移すまでにはタイム

開発を行い、本番環境にリリースされるまでの3つの環境

開発環境	ステージング環境	本番環境
開発者がそれぞれの開発環境で開発をする		
	開発した成果物をまとめリリース前のテストをする	
		テストが完了したら利用者が利用できるようにリリースする

ラグがあります。開発するものにもよりますが、このタイムラグは1週間のときもあれば数カ月のときもあります。

　タイムラグが大きいということは、本番環境にリリースしてから行った開発の規模が大きいということです。開発の規模が大きいものをリリースする場合、リリースのリスクが高くなります。たとえばプログラム改修だけをリリースより、プログラム改修に加えてデータベースのテーブル拡張や新たなミドルウェアの導入を同時に行うリリースはリスクが高いです。また、その間に本番環境での不具合対応を行った場合、その不具合対応を開発環境に施さなければならないため、対応漏れのリスクも高くなります。

　この隔たりが大きいものをビッグジャンプと呼び、隔たりが小さいものをスモールジャンプと呼ぶとすると、リリースのリスクを小さくするためにはスモールジャンプを繰り返すことが重要です。たとえば、何らかの機能改修を行う場合、開発環境と本番環境の隔たりが大きいままリリースを一度で行うのはビッグジャンプです。リリースを複数に分けて行い、なるべく開発環境と本番環境の隔たりを小さくしてリリースを行うのはスモールジャンプです。

　スモールジャンプはリリースリスクを小さくするだけではなく、開発者に安心を与えます。たとえば、ある一覧を表示する機能のSQLをリファクタリングすることを想像してください。リファクタリングは、テーブルにインデックスを追加することと、そのインデックスを使うようにSQLを修正することとします。リファクタリングなので、修正の前後でSQLの結果に違いがあってはいけません。

　ビッグジャンプのリリースの場合、データベースにインデックスを追加し、改修したSQLを使用するように変更したプログラムをリリースします。

　スモールジャンプのリリースの場合、これをいくつかのステップに分けてリリースします。まずリファクタリング前後でSQLの結果に違いがないことを確認するため、リファクタリング対象のSQLが呼ばれるたびに実行結果をログ出力するよう改修しリリースします。続いてデータベースにインデックスを追加して、現行のSQLを実行すると同時に改修したSQLを実行し、結果をログ出力するよう改修したプログラムをリリースします（パフォーマンスに影響しないよう、並列化など工夫がいるかもしれません）。これで現行のSQL結果と改修後のSQL結果が取得できるようになったので、結果に差異が発生することなく運用できているかを監視します。結果に差異がなく、かつパフォーマンスの向上が確認できたら、現行のSQLから改修後のSQLに切り替えます。

明らかにスモールジャンプのほうが工程も工数も多くかかりますが、それでもスモールジャンプを採用するのは、**開発環境と本番環境の隔たりを小さく保つことができる方法**だからです。隔たりを小さく保てば、もしリリースしたものに不具合が起きた場合も、小さい変更を元に戻すだけでリリース前の状態に戻すことができます。

　1回のビッグジャンプでリリースを行う工数と複数のスモールジャンプを行う工数を比較し、どちらがプロジェクトに適しているか、リスクも加味した比較検討を行いましょう。

DevOpsによる組織の変化

　自社でサービス開発を行い、自社でそのサービスを運用する場合、サービスの開発を専門に行う「開発チーム」とサービスの運用を専門に行う「運用チーム」に分けて組織することがあります。

　一見するとそれぞれのチームは独立して機能するように思えますが、実はそうではないのが実情です。この「開発チーム」と「運用チーム」を効率的に機能させ、プロジェクト計画や見積りに影響を与えるような予期しない突発作業や衝突を防ぐ仕組みが**DevOps**です。

　開発チームはシステムの新規開発や機能の追加開発、バグ修正などを担当します。一方、運用チームは開発チームが手掛けたシステムをデプロイし、障害などが起きていないかを監視します。その結果、もし問題が発生した場合は開発チームに連絡し対処を仰ぎます。

　そして悲しいことに、開発チームと運用チームは利益相反しがちです。開発チームはより良いシステムを目指すためシステムを更改しようとします。一方運用チームは、システムを安定稼働させることを目指すため、できる限りシステム更改を避けようとします。この方向性の違いが利益相反の構造を生みます。

　とはいえ、1つのシステムをより良いものにしていくという目的は一緒ですので、本来は利益相反するものではありません。この共通の目的を達成するための仕組みがDevOpsの基礎となります。

◨ DevOps の基礎

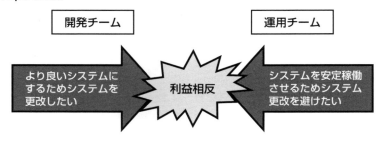

　DevOpsで重要な要素はいくつかありますが、特に**自動化されたインフラストラクチャ**と**バージョン管理システムの利用**が重要です。この2つについて詳しく見てみましょう。

自動化されたインフラストラクチャ

　インフラストラクチャ、つまり開発したアプリケーションの実行環境は、開発チームと運用チームで共有する情報が多いです。OSは何を使うか、ミドルウェアは何を使うか、ミドルウェアの設定はどのようにするか、アプリケーションが接続するデータベースに関する設定はどのようなものか、などです。

　この情報を共有する方法として、手順書や定義書などのドキュメントを用いるのが一般的です。このドキュメントはアプリケーションを開発した開発チームが作成し、実行環境を管理する運用チームに構築を依頼します。

　実行環境構築は、設定内容は開発チームが熟知しているので、本来開発チーム

◨ 実行環境構築のジレンマ

が構築したほうがスムーズにいきますが、実行環境の管理は運用チームの業務のため、構築の主担当は運用チームとなります。しかしながら、運用チームは設定内容を熟知していないのでスムーズには構築できません。

この環境構築の「ひずみ」を解消する方法のひとつが**Docker**の利用です。Dockerは仮想環境を提供するコンテナ技術で、Dockerを使ってインフラストラクチャを構築することができます。

仮想環境は昔から存在する技術で、ホストOS上でゲストOSを起動する手法は現在でも使われています。これを完全仮想化と呼びますが、Dockerは完全仮想化ではなく、**コンテナ型の仮想環境**と呼ばれます。

コンテナ型の仮想環境は完全仮想化とは異なり、ホストOSは隔離された実行環境の上で動作するひとつのプロセスとして起動するため、完全仮想化に比べて軽量でオーバーヘッドが少ないという特徴があります。

▶ 完全仮想化環境とコンテナ型仮想環境

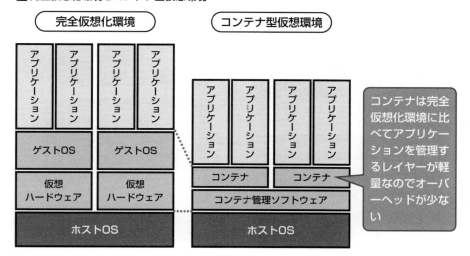

Dockerの中核を成すのは**Dockerfile**と**Dockerイメージ**です。

Dockerfileは仮想環境を構築する手順をまとめた設定ファイルで、OSのイメージからミドルウェアをインストールし、アプリケーション設定までの手順を記述します。

DockerイメージはDockerfileを基に作成した仮想環境のイメージです。

Dockerイメージを用いることで、同じ仮想環境を複数起動することも可能となります。

アプリケーションを動かすには、このDockerイメージを起動した後、アプリケーションモジュールをインストールしサービスを開始します。

再びアプリケーションをデプロイするときは、今まで起動していたサーバーは破棄し、基となるDockerイメージからモジュールを再度インストールし起動します。

起動後は設定を変更せず運用するインフラストラクチャなので、イミュータブル（不変）インフラストラクチャといいます。

■ イミュータブル（不変）インフラストラクチャの仕組み

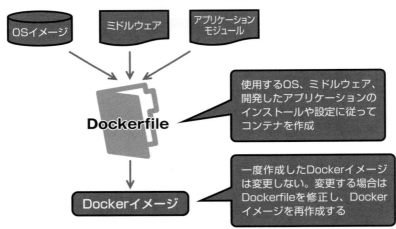

話を開発チームと運用チームの「ひずみ」に戻します。

Dockerを用いることで、Dockerを中心にして開発チームはDevOpsのDevに集中し、運用チームはDevOpsのOpsに集中できるようになります。具体的にはOSやミドルウェアの設定とアプリケーションのインストールまでを開発チームが用意したDockerfileが担います。運用チームは開発チームが用意したDockerfileでDockerイメージを作成し、そのDockerイメージで起動したアプリケーションの運用に集中することができるようになります。これにより「ひずみ」が解消します。

DevOpsにおけるバージョン管理システムの利用

バージョン管理システムにGitHubを利用すると、**Issue機能**（課題管理機能）を使うことができます。

この機能は開発チームの閉じた範囲だけで利用するのではなく、運用チームからの課題管理にも使います。たとえば、ログ出力が一部おかしく修正してほしいなどの課題を運用チームが投稿し、開発チームがそれに対応するなどのケースです。

バージョン管理システム内で課題管理をするので、その課題に対するfeatureブランチをプルリクエストし、マージされると課題管理もクローズするなどの運用が行えます。このように**課題管理**と**バージョン管理を一緒に行うシームレスな運用を行うこと**がDevOpsのポイントです。

また、先に述べたDockerfileはテキストファイルなので、**バージョン管理**に適しています。Dockerfileをバージョン管理することで、開発チームと運用チームがメンテナンスを行えるようになり、開発チームが追加したミドルウェアの設定変更は運用チームに伝わり、運用チームが追加したログ出力先の変更もまた開発チームに伝わります。

自動化されたインフラストラクチャとバージョン管理システムを組み合わせることで、開発チームと運用チームがともに協力し合い、システムをより良いものにしていくという目的に向き合えるようになるでしょう。

そのような仕組み作りが好循環を生み、生産性の高い組織となります。そして、不確定だった工数が明確になり、多くの工数がかかっている作業のコストを削減でき、結果的に見積りの明確化へとつながります。

新しい技術と見積り

スマートフォンやタブレットなどのガジェット対応のコスト

　これまでのWebシステムは、PCブラウザからのリクエストに対応していれば問題はありませんでした。特に業務システムではその色合いが濃く、携帯電話などのモバイル対応については二の次もしくは除外されていました。

　しかしながら、現代ではモバイルファーストという言葉があるように、PCからだけではなく、業務システムとはいっても外出先でモバイル端末からアクセスするシーンも前提とするケースが増えてきています。

■ これまでの Web システムと現代の Web システムの違い

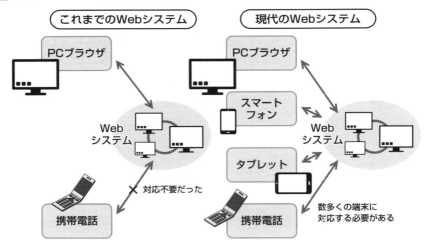

　このように対応する端末が増えたときにどのように対応するか、これまでのWebシステムで多く採用されていたMVCと、現代のWebシステムで多く採用されているWeb APIを例に見ていきましょう。

MVCによる対応

　少し前までのWebシステムは、リクエストを受け取ってからレスポンスを返すまでの処理を、**MVC**と呼ばれる3階層アーキテクチャで構築していました。

MVCのそれぞれの略は、下表の通りです。

■ MVCのそれぞれの略

M：Model（モデル）	システムが扱うデータの管理と業務処理（ビジネスロジック）を担当する
V：View（ビュー）	システムの見た目を作成する（WebであればHTML、CSS、JavaScript）
C：Controller（コントローラー）	ModelとViewの間に立ち、データ変換とデータの受渡しを担当する

MVCは、それぞれ次のように連携して結果を返します。

■ MVCの連携

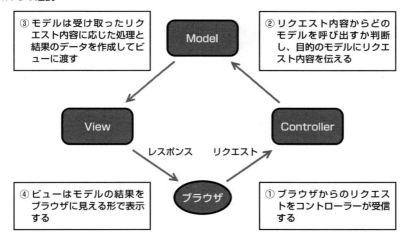

MVCの問題点として、ビューの多様化が進んだことで、それらに対応しにくいことが挙げられます。これまでであればHTML、CSS、JavaScriptを駆使して数種のPCブラウザと携帯電話（ガラケー）ブラウザに対応すれば良かったのが、今ではそれに加えてスマートフォンやタブレットにも対応する必要があり、1つのビューでそれらに対応するには限界を迎えました。

また、各層で疎結合を目指したMVCが、結果的にそれほど疎結合にならなかった（設計者や開発者によって粒度の違いが大きかった）という背景もあります。

Web APIによる対応

　このようにビューのパターンが増えるごとに、コントローラーとモデルにパターンごとの処理が必要になり、結果的に密結合になっていました。そこで、**Web API**が登場します。

　MVCにおけるビューは、主に**サーバーサイドレンダリング**で作成します。これは、サーバーでHTMLを作成してブラウザに返し、そのHTMLをブラウザで表示することです。ビューの表現（レンダリング）、つまりHTMLをサーバー側で作成するので、「サーバーサイドレンダリング」と呼びます。

　サーバーサイドレンダリングの対となる技術として**クライアントサイドレンダリング**があります。クライアントサイドレンダリングは、サーバーで作成したHTMLに対して、ブラウザ内のJavaScriptでHTMLを作成します。たとえば、見出しのみの空の表をサーバー側で作成しブラウザに返却します。ブラウザは、その空の表に対して見出し以降のデータ部分のHTMLを追記します。ブラウザはクライアントサイドで動作するので、「クライアントサイドレンダリング」と呼びます。

　ブラウザが表示用のデータを取得する際に呼び出す処理がWeb APIです。Web APIはブラウザからのリクエストを受けてデータを返します。呼び出しはhttpで行いレスポンスはJsonで返すので、MVCに比べて疎結合です。

　Web APIはブラウザからのリクエストだけに応答するのではなく、スマートフォンアプリからのリクエストにも応答します。したがって、Web APIを使えば、PCやスマートフォン、タブレットのブラウザからだけではなく、スマートフォンアプリやタブレットアプリ、PCアプリにもデータを返すプラットフォームになります。

　さまざまなプラットフォームに対応するWeb APIを提供するようになると、スマートフォンアプリやタブレットアプリをリリースしたくなるかと思います。

　これらはブラウザで動作するシステムとは違い、リッチなUIを使ってさまざまなことができるため利用者の体験を向上させることができます。しかし、プラットフォームの移り変わりが早いというデメリットもあります。あるプラットフォームのあるバージョンに対応したアプリをリリースしたら、すぐに新しいバージョンがリリースされ、バージョンアップを迫られることはよくあることです。

　後方互換もなくなることもあり、リリース時のバージョンのままアプリを使い

■ Web APIは要求に応じたデータを返す

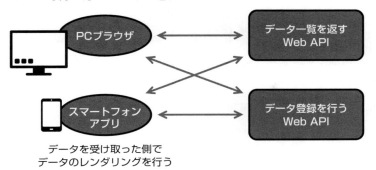

続けることが困難なケースもあります。バージョンＡのOSに対応したアプリをリリースした半年後、利用者の増加に伴い新しい端末を用意したらOSがバージョンＢになって、バージョンＢに対応していないそのアプリを新しい端末にインストールできなかったというケースは非常に多いです。そのため、OSの新しいバージョンがリリースされるたびに、アプリをそのバージョンに合わせる改修が延々と続くことになり、結果的に多大なコストがかかることになります。

レスポンシブなUI

かつてのUIは環境ごと（たとえばPCや携帯電話のキャリアごと）にWebページを分ける方法を採用していました。PCでは横長でのブラウジングを前提とし、携帯電話では縦長でのブラウジングを前提とする、といった具合です。

環境がそれほど多くないときはこの方法でうまくいっていましたが、現代においてはスマートフォンの台頭をはじめ、タブレット端末やテレビなど、縦横比が違う端末や、端末自体を回転させることで縦横比の変わる端末など、対応する必要がある環境が増えたため、UIごとにWebページを分ける方法が機能しなくなりました。

このような背景がある中で、UIに対する見積りはどのように行えば良いでしょうか。

かつての実現方法では、１つのWebページにバリエーションが複数存在することになるので、見積りとしては作成するブラウザのパターンに依存します。３パターンなら１ページの工数×３パターンを作る必要があります。

◼ **UIに対する見積り**

PC用のページを基にして、携帯電話のキャリアパターンごとにページを設計・開発・テストする。
パターンが増えるごとに設計・開発・テストをするので、単純計算で「基のページ開発の工数×パターン数」が工数となる

　しかしながら、この方法ではパターンが増えるたびに開発工数が積み上がってしまうため、今ではその対策としてどのような画面解像度のブラウザでも対応する**レスポンシブデザイン**を採用し、工数の積み上げを防止します。
　レスポンシブデザインでは、1つのWebページでCSSを使用して、ブラウザごとの表示結果を動的に変化させます。ですから、レスポンシブデザインを採用すれば、ブラウザのパターンが3つでも作成するWebページは1つで済みます。ただし、ブラウザのパターンごとにテストは必要なので、1ページの開発工数＋パターンごとのテスト工数は必要です。

◼ **ブラウザに応じたUIをCSSで作成**

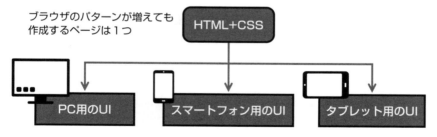

1つのページでCSSによってUIを切り替えるので、パターンごとに必要な工数はテストのみとなり、パターンごとにページを作成するより工数を削減することができる

　かつてのUI（ノンレスポンシブ）とレスポンシブの工数の違いは、次ページの表のようになります。

ノンレスポンシブとレスポンシブのUIの工数の違い

デザイン	必要な工数	概算の見積り
ノンレスポンシブ	パターンが増えるごとに設計・開発・テストが必要	・1ページ作成＝5人日 ・パターン数＝3パターン ▶全体工数：5人日×3パターン＝15人日
レスポンシブ	1つのページでCSSによって表示を切り替えるので、1ページの設計・開発・テストとレスポンシブの組み込みとパターンごとのテストで対応可能	・1ページ作成＝5人日 ・レスポンシブの組み込み＝3人日 ・パターン数＝3パターン ・パターンごとのテスト＝1人日 ▶1ページの工数：5人日＋3人日＝8人日 ▶全パターンのテスト工数：3パターン×1人日＝3人日 ▶全体工数：8人日＋3人日＝11人日 ※4人日の工数削減！

AIやHadoop、ビッグデータなど「実績のない」見積り

　一般的なシステム開発の見積りは、先人の知恵と経験と実績を昇華させた方法論によって形作られたものです。この方法論だと、イノベーター理論でいう「アーリーマジョリティ」「レイトマジョリティ」「ラガード」に該当するおよそ84％の一般的なシステム開発には適応が可能でしょうが、AIやビッグデータなど実績が少ない「イノベーター」「アーリーアダプター」の市場に対するシステム開発の見積りを行うことは難しいものがあります。

　それでは、AIなどのように、比較的新しい分野の見積りは、どのように行えば良いでしょうか。

■ イノベーター理論による見積り

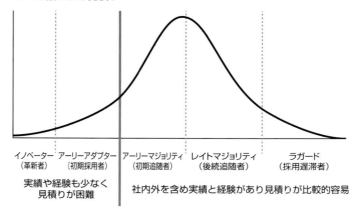

　自身や所属組織に経験がない分野であれば、**まずは小さなプロトタイプを作り経験を積む**のが良い方法です。

　このときに実践できる方法としては、先に説明した反復的な開発（158ページ参照）、スモールジャンプ（174ページ参照）などがあります。小さなプロトタイプの作成を足掛かりに、フィードバックを得ながら反復的に開発し、頻繁なリリースをしてフィードバックループを加速させます。

　何周か反復的に開発をすると、経験と知見を積むことができ、見積りの精度を上げることができます。

　経験を積むためには、多くの社内プロジェクトを立ち上げ、その分野での開発実績を増やし、知見を蓄積し、見積りの精度を上げる必要があります。しかしながら、社内のプロジェクトに携わるだけでは多くの知見を得ることはできませんので、学術論文を読んだり、営利・非営利を問わずコミュニティ活動を通じて外のノウハウを吸収したりする必要もあるでしょう。

スマートフォンアプリでの見積り

スマートフォンアプリの開発が増加

　当社では一般ユーザー向けのWebシステムや企業向けの業務システムを請け負うことが多いのですが、その場合、Webアプリケーションをベースとしたシステム開発が増えています。

　PCで利用されることも多いですが、スマートフォンでの表示に対応するため、レスポンシブデザインを適用した画面デザインを求められることも多くなっています。

　また一般ユーザー向けにサービスを提供する上で、スマートフォンアプリとセットで開発を依頼されることも増えてきています。そこで本節では、スマートフォンアプリならではの見積りのポイントについて、いくつか紹介します。

対応OSについて

　現在、日本の国内市場で多く利用されているスマートフォンは、AppleのOSを搭載した「iPhone」とGoogleのOSを搭載した「Android」の端末が挙げられます。

　スマートフォンのマーケットシェアについて世界の各地域の状況を見ることができるKantar Worldpanelによれば、日本国内でのシェアは下表の通りです（2018年7月3日現在）。

日本国内のスマートフォンのマーケットシェア

端　末	シェア率
Android	55.8%
iOS	42.9%
BlackBerry	0.2%
Windows	0.1%
その他	1.0%

出典：https://www.kantarworldpanel.com/globa/smartphone-os-market-share/

　上表の通り、「Android」と「iOS」で2分されており、Androidのほうが過半数を占めています。

リリースするサービスの戦略にもよりますが、どのOSをサポートするのか、またリリースの順番をどうするのか、同時にリリースするのかなどによって、開発・テスト要員などのリソース確保やテスト工数の見積りが変わってきます。

OSのバージョン

対応するOSを選択しても、今度はそれぞれのOSについて、**どのバージョンまで対応するか**を決めておく必要があります。OSのバージョンによって、開発で利用できるAPIに制限があったり、場合によってはバージョンに応じた仕様／処理などが必要になってきたりする場合もあります。

こういった部分は、最終的には開発工数、テスト工数に影響を及ぼすため、可能であれば、シェアの高いバージョンを採用し、それ以外はサポート対象外とするなどの判断をしていく必要があります。

OS内のバージョンのシェア率については、下記のサイトで参照することが可能です。

▶ Androidのバージョン別シェア

出典：https://developer.android.com/about/dashboards/

■ iOSのバージョン別シェア

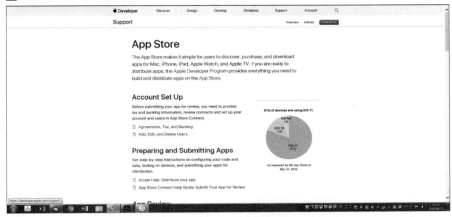

出典：https://developer.apple.com/support/app-store/

アプリの種類

　OSや対象のバージョンを選定したところで、今度はスマートフォンアプリをどのように開発するか、メンテナンスするかといった点を決めていく必要があります。アプリには、次のような種類があります。

・ネイティブアプリ

　AndroidであればGoogle Play、iPhoneであればApp Storeなど、アプリケーションストア経由でインストールして利用するスマートフォンアプリです。

　それぞれのOS上で動作するように開発されているため、各デバイスに用意されている機能（カメラ、GPS、センサーなど）を利用した高機能なアプリケーションを開発することができます。

　一方で、AndroidとiPhoneでそれぞれ異なる開発言語で開発する必要があるため、見積りの工数としては倍以上かかってしまうこともあります。

・モバイルWebアプリ

HTML5を利用してブラウザ上で動作するアプリケーションです。HTML5によって、ブラウザ上でもネイティブアプリと同様の機能を実現することができるようになり、スマートフォンのブラウザから直接URLにアクセスして起動させることができます。

アプリストアで公開できないため、どのようにしてアプリを告知していくかを検討する必要があります。

・ハイブリッドアプリ

HTML5、CSS、JavaScriptなどのWebアプリケーション開発で利用される技術を用いて開発したアプリケーションです。ブラウザ上で動作するWebアプリケーションと異なり、ネイティブアプリのように各デバイスに用意されているネイティブ機能を利用したアプリケーションを開発できることが特徴です。

たとえばカメラやGPSなどの機能を利用したアプリケーションを開発することができます。先ほどのモバイルWebアプリとは異なり、アプリ自体はネイティブアプリとして開発し、内部ではWebViewと呼ばれるブラウザの機能を持ったビュー内にHTMLを表示して動作させることができます。

同じコードで、Android／iOSの両方で動作するため、開発コストを縮小することができます。またWeb開発経験があるエンジニアであれば対応が可能なため、エンジニアのアサインなどのコストも低減することが可能です。

それぞれメリット・デメリットがありますが、見積りを算出する上では、実現する機能の難易度、Android／iOS双方を開発するボリューム、エンジニアのアサインのしやすさ、メンテナンス性などが大きく影響してきますので、それらを加味して、どのようにアプリを開発していくかを決めていってください。

端末をどこまでサポートするか？

iPhone向けのアプリを開発する場合は、それほど端末の選択肢はありませんが、Android向けのアプリを開発する場合は、**どの端末を動作保証対象にしていくか**を決めておく必要があります。

Androidは複数のメーカーによって、さまざまな端末がサポートされており、また端末によって挙動が違うなど、アプリ開発側からすると、工数が増える要素が多くあります。さらにはタブレット端末も対応するかなど、端末が増えていくと、それに伴い動作確認のためのテスト工数や、端末の手配コストなどが見積りへの影響として現れてきます。

アプリのデザインをどうするか？

アプリのUIデザインについても、いくつか考慮すべき事項があります。

まず**アプリのデザインは誰が実施するのか**という点です。自社のデザイナーですべてできるのか、デザイン会社と協業するのか、もしくは顧客がデザインを用意するのか。またデザインの検討、レビュー、フィードバックなど、デザインに関するコミュニケーションコストも誰がするかによって変わってきます。

さらには利用するデザインツール、用意するパーツ、全体レイアウトなど、きちんと整理をしておくことで、不必要に予期せぬ工数などの発生を防ぐようにする必要があります。

スマートフォン固有のデザインとして、画面分割、縦横レイアウトの自動切替え、スマートフォン・タブレットのレイアウトなど、どこまで対応するかによってデザイン検討のための工数が膨らんでいきます。そのあたりも最初の段階で対応範囲を整理しておく必要があります。

またスマートフォンのUIデザインについては、各社デザインガイドを出しているので、担当するデザイナーがこれらのガイドにどれだけ対応、熟知しているかによって、工数に影響してくることになります。

■AndroidのUIデザイン「Material Design」について
`URL` https://material.io/guidelines/material-design/#principles

■iOSのUIガイドライン「Human Interface Guidelines」について
URL https://developer.apple.com/ios/human-interface-guidelines/overview/themes/

　デザインについては、顧客・開発サイドで認識による相違を起こさないために、早い段階でペーパープロトタイピングと呼ばれるアプリ画面や操作イメージのすり合わせなどを通じて、デザインの意識合わせをしておくことが大切です。
　その作業分の工数は見積りに入れることになりますが、後戻りの工数を考えると、十分割の合うコストになります。

◼ ペーパープロトタイピングのイメージ

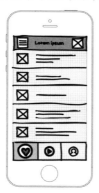

アプリ固有の機能

　スマートフォンアプリで実現したい内容と関連してきますが、**アプリ固有の機能をどの程度利用するか**によって、開発規模やテスト工数に影響が出てきます。
　アプリ固有の機能としては、次のようなものが挙げられます。

- カメラ撮影
- GPS機能
- Bluetooth
- 加速度センサー
- AR機能

せっかくスマートフォンでアプリを利用するのであれば、こういった機能を利用した効果的なUI／UXをユーザーに届けたくなります。見積り時に考慮を忘れないようにしてみてください。

サーバーサイド開発／多言語化／アプリ診断（脆弱性診断）

スマートフォンアプリ固有の開発に加えて、付随する開発やテスト作業もあります。それらの作業費用も見積り時にあわせて考慮します。

①サーバーサイド開発

スマートフォンアプリというと、実際に利用するUI側の開発だけが目に付きやすいですが、画面に表示するデータや、何かしらの処理ロジックなど、サーバーサイドの開発がセットになることが多くあります。

スマートフォンとやり取りするAPIの数や機能数などに応じて、見積りに入れておくようにしましょう。さらにサーバーを稼働させるためのインフラ構築やインフラ利用料のコストも入れておくと良いでしょう。

②多言語化

アプリ利用者のターゲットによりますが、観光情報を提供するアプリなど、多言語表示が必要になってくることもあります。多言語対応の設定や切替機能の開発もさることながら、多言語の翻訳文面を作成するコストや、多言語に対応した画像、デザインの考慮も必要です。

③アプリ診断（脆弱性診断）

スマートフォンアプリでは、デバイスの機能にアクセスしたり、端末で保有する個人情報の利用を可能にしたりすることができます。そのためスマートフォンアプリ自体に脆弱性があると、それが悪用されてセキュリティ事故が発生してしまう可能性もあります。

そこで、できるだけそういった脆弱性を検知するために、外部の脆弱性診断を利用して検査を実施するとより安全性が高まります。脆弱性診断では次ページの表のような項目を検査してくれるサービスが多いですが、その場合のコストも見積りとして計上しておくと良いでしょう。

■ 脆弱性診断の検査項目例

対　象	検査する項目
通信	・外部への不正通信 ・重要情報の暗号化 ・SSL/TLS証明書検証　など
端末内データ	・重要情報の保存時の暗号化 ・パーミッション設定　など
ソースコード	・他アプリからの不正アクセス可否 ・重要情報のログ出力の有無 ・逆コンパイル・難読化の対応有無　など

リリース作業／納品物

　アプリストアへのリリース作業を誰が実施するかという点を整理しておきます。

　アプリストアへリリースするときには、申請用のアカウントに加えて、**申請業務やその対応**が必要となりますので、自社で実施する場合は、その分の工数を見積りとして計上しておくようにします。

　通常のシステム開発でも同様ですが、設計書、ソースコード、テスト仕様書など、納品物として何を作成する必要があるかを決めておきます。

　一見当たり前のことですが、スマートフォンは動くものを先行して確認しがちなので、後でこんなドキュメントが必要だったということにならないよう、あらかじめ整理して、見積りとしても明記しておく必要があります。

プロジェクト管理

　システム開発であっても、スマートフォン開発であっても、同じようにプロジェクト形式で進行していくことになります。その進行をスムーズに進めるため、**ディレクション担当者**を配置します。さらに大規模なアプリ開発であれば、プロジェクトマネージャーなど、プロジェクト進行に専任のメンバーをアサインします。その分の工数も忘れないように計上しておきます。

見積工数を出すにあたって

　これまで挙げてきたように、スマートフォン固有の観点とシステム開発として

の観点から見積りの項目が挙がってくることが、スマートフォンアプリの見積りの難易度を上げています。また、パフォーマンスや運用観点など、通常のシステムと同様に、スマートフォンでもリリース後の高負荷時や運用に入った場合のことも考慮して準備すべき作業が入ってきます。

　そのため同じような要件であっても、各社によって見積金額が変わることも往々にして発生しているのが現状です。

　適切な見積りを実施できるよう、自社で**標準的な見積りチェックリストを作成する**と同時に、同様の機能であればより効率的に開発できるようにして、コスト競争力を高めていくことも大切です。

第8章　クラウド時代の見積りの技術要素

COLUMN

テキストエディタを使いこなそう

　使い慣れたテキストエディタは何ですか。
　システム開発をしていると、メモを取ったりデータファイルを開いたりソースコードを開いたりと、テキストエディタを利用する機会が多いと思います。
　世の中にはテキストエディタはたくさんあります。UNIX/Linux系だとVimやEmacsなど、Windows系だと秀丸エディタやサクラエディタなど、近年だとmacOSやWindowsなどマルチプラットフォームで動作するAtomやVisual Studio Codeなどがあります。
　UNIX/Linux系テキストエディタのVimとEmacsの愛好家に「エディタ戦争」と呼んでどちらが優れているかを昔から議論し合っています。この議論には時に「我々の選ぶエディタ以外は存在すら認めない」という過激な意見を持つエンジニアも現れるようです。
　どのテキストエディタが最も優れているかを議論するのも良いですが、唯一無二のテキストエディタではなく適材適所で使い分けるのが今のテキストエディタ選びのポイントではないかと思います。設定ファイルなどでよく使われるXMLやYAML形式のファイルを編集するには、このエディタ、ソースコード編集はキーワードハイライトが充実している、このエディタ、データ交換に使われるJSONは自動整形機能が付いたこのエディタ、といった具合です。
　どのテキストエディタが自分にしっくりなじむかを主眼にトライ＆エラーを繰り返しながら自分に合ったテキストエディタを選ぶのが、使い慣れたテキストエディタを聞かれたときの答えになるのではないでしょうか。

第8章のまとめ

①反復開発で時代の変化に追随しながら、見積りの精度を上げる
②自動単体テストの導入でコード変更の影響を検知し余分なコストを抑える
③GitHubなどのチーム管理ツールで開発を円滑にする
④サーバー管理はクラウド環境がベストとは限らないので、メリット・デメリット・コストを比べて最適なものを選ぶ
⑤リリースはスモールジャンプを繰り返し、リスクと工数を抑える
⑥DevOpsで開発チームと運用チームのコミュニケーションロスと抑える
⑦スマートフォンアプリは対応OSやアプリの種類、サポート端末などの組み合わせで見積りが大きく変わる

第3部
クラウド時代の見積り

第9章
事例・実習編

　さて、ここから実際に実施したシステム開発事例を取り上げて、どのように見積りを進めたかを紹介していきます。
　事例として取り上げるのは、次の2つです。

- アジャイルプロセスとインフラにクラウド（AWS）を活用したシステム開発の事例
- ミッションクリティカルなWebを用いた業務管理システムの開発事例

　このようなケースで、どのようにして見積りを進めていったかを紹介していきます。

アジャイルプロセス×クラウド活用のシステム開発

プロジェクトの概要

　最初に取り上げるのは、地域創生のための実証事業で必要とされるビッグデータの解析システム構築の事例です。このプロジェクトでは、「地域にとってどんな情報が必要とされるのか？」について、実証事業の中で仮説を立てながら進めていく必要がありました。

　実際に地域の人に使ってもらいながらプロジェクトを進める必要があったため、開始当初の時点で、仕様変更が多く発生することが想定されていました。そのため、仕様変更を取り込みながら、スケジュールとコストを管理していけるよう、スクラムプロセスを採用することにしました。見積りは総額コストと、ストーリーと呼ばれる「ユーザー要求」の単位で実施しながら、プロジェクトをコントロールしていきました。

　また、システムのインフラ基盤には「Amazon Web Service（以下、AWS）」を利用することにしました。したがって、クラウド利用のコストについても、あらかじめ見積もる必要がありました。その方法もあわせて、事例として紹介していきます。

▪ 本事例の実証事業（提案書抜粋）

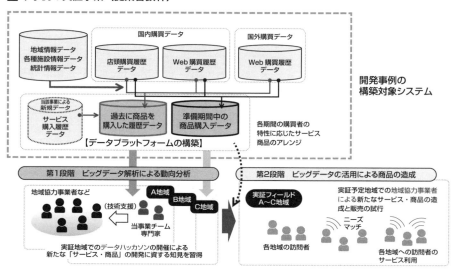

プロジェクトのスケジュール

　これは、当社にとってもはじめての試みとなる地域実証事業におけるシステム構築プロジェクトとなりました。

　第8章で解説した「実績のない」見積りでも取り上げたビッグデータを活用するプロジェクトとなり、見積りの手法も通常とは異なる方法を採用しています。

　通常のシステム開発であれば、顧客となるユーザーからRFP（提案依頼書）や要求仕様書を受け取り、要望をヒアリングしながら、提案・見積りを行っていきます。しかしながら、この事業で出された要望は次の2点だけでした。

- ビッグデータを活用して、地域の関係者・事業者が活用できるようにすること
- 上記を活用した結果、地域の事業者の生産性向上（例：観光消費額の増加）につながること

　また、実証事業で期間と予算が限られていることもあり、その中で最大限の成果を出していく必要がありました。そこでプロジェクトでの開発プロセスにアジャイル開発のプロセスのひとつであるスクラムを導入し、次のような大枠の実現事項およびスケジュールを設定して開発に臨むこととしました。

▶ プロジェクト全体のスケジュール

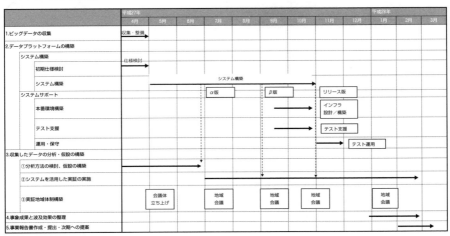

そして最大限の成果を出していくため、リリースを繰り返しながら、関係者同士でシステムへの要望や仕様を徐々に詰めていき、実証事業で活用されるシステムを構築していきました。

▌リリースを繰り返しながら、仕様を固めていく

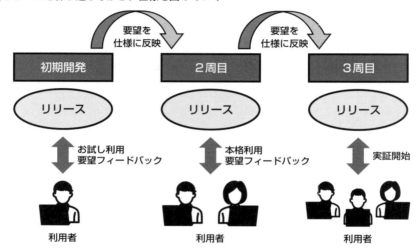

　それでは、ここからは具体的にどのように見積りを行ったかを見ていきます。

開発事例で登場する用語

　ここから先の事例紹介では、実際に見積りの段階で利用した用語がいくつか出てきます。次ページの表にそれらの説明を記載したので、本節を読んでいる最中に不明な用語があったら参照してください。

見積りの流れ

　前述した要望だけでは当然、開発規模の見積りはできないので、202ページのような流れで見積りを進めていきました。

▣ 開発事例で登場する用語（アジャイルプロセス×クラウド活用のシステム開発）

カテゴリ	用　語	説　明
提案	RFP	Request For Proposal（提案依頼書）の略で発注企業がシステム開発を行う際に必要な要件をまとめ、発注先候補のシステム開発会社に提案を依頼するための資料
提案	コンソーシアム	幹事企業を筆頭にして、2つ以上の企業・団体で構成される事業体のこと。本事例の提案にあたっては、複数企業がお互いに保有する得意分野を活かすため、コンソーシアム形式による共同提案を実施した
開発	イテレーション	ソフトウェア開発、特にアジャイル開発において短い間隔で反復しながら行う開発サイクルのこと。イテレーション内では実現すべき要求事項について、設計・試験・改善などの一連の工程を実施し、リリースを行う。短いサイクルを繰り返してリリースを行うことで、改修範囲、リスクを小さくすると同時に、スピーディーなシステム改善を行えるというメリットがある
開発	スクラム	アジャイルソフトウェア開発のプロセスのひとつで、反復的かつチームで開発を進めるための枠組みを提供する開発プロセスになる
開発	スプリント	ソフトウェア開発が行われる工程を指す。期間を定めて、そのスプリント内で実現する項目を決めて、開発・レビュー・振り返りなどを実施する
開発	ストーリー／タスク	「ストーリー」は、ユーザーのニーズやシステムとして実現したい内容を表現する。そして、そのストーリーについて、どのようなことをすると実現できるのかを分解して、ひとつひとつの作業項目に落としたものを「タスク」として定義している
利用ツール／サービス	AWS	Amazon Web Servicesというクラウドサービスで、コンピューティング、データベース、ストレージ、アプリケーションなど、さまざまなITリソースをオンデマンドで利用できるサービスの総称
利用ツール／サービス	Redmine	バグ管理システムのひとつで、プロジェクト管理においてはタスク管理として多く利用されている 参照：Redmine URL http://redmine.jp/
利用ツール／サービス	Redmine Backlogs	Redmineのプラグインのひとつで、スクラム開発で必要とされるスプリント、ストーリー、タスクなどの定義および進行管理を行うことができる 参照：Redmine Backlogs URL https://github.com/backlogs/redmine_backlogs

| STEP1 | システムで実現すべき内容の整理
| STEP2 | システムで利用する技術基盤の整理
| STEP3 | 見積方針の整理
| STEP4 | ソフトウェア開発規模の見積り
| STEP5 | インフラコストの見積り
| STEP6 | 概算見積表の作成
| STEP7 | 生産性の測定による見積精度の向上

　開発プロセスとしては、ユーザーの反応を見ながら、変更を取り入れるスタイルで行うと決めました。一方、システム開発対象の大枠については、ある程度整理しておく必要があります。そうしないと、開発する要求が膨れ上がりすぎてしまうためです。そこで、プロジェクトを進める上での前提を整理することから着手しました。

　それでは、それぞれのSTEPについて詳しく見ていきます。

STEP1　システムで実現すべき内容の整理

　ビッグデータを活用すること、それを地域の方に活用してもらうことの2点は決まっていましたが、それだけでは開発規模の見積りやスケジュールを設定することはできません。そこで、具体的にどのような機能を持つシステムを構築するかを決めていくため、関係者を集めて、何度かディスカッションを実施しました。

　この事業は複数の事業者で構成されるコンソーシアム形式を採っており、それぞれの得意分野を活かして、事業の成果を出すことを目標に推進する体制を組んでいました。

　コンソーシアムの企業内で、システム構築に対する豊富な実績があるのが当社だけでしたので、システムを構築するのに必要な次の情報を確認しながら、システム概要図を作成していきました。

・どういうデータを使えるのか？　また想定されるデータ量はどの程度か？

- 地域の事業者に対してどのようなインターフェース、機能を提供していけば良いか？
- 外部との連携はどの程度あるのか？
- データを活用してもらうため、どのような仕組みを用意したら良いか？

こうしたディスカッションを繰り返して出来上がったシステム概要図が、次の図になります。

■ システム概要図

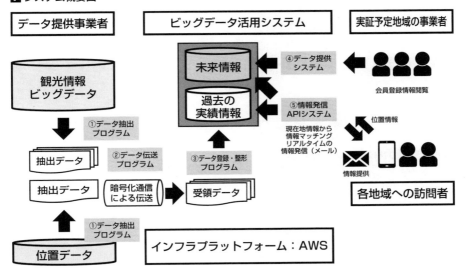

上図で中心に位置する「**ビッグデータ活用システム**」が、本事業でメインに活用されるシステムとなります。このシステムは新規構築のシステムとなり、インフラとしては、当社でも多数の構築実績があるAmazonが提供するAWSを利用することにしました。

活用可能な「ビッグデータ」については、これまでの傾向の分析に必要な「**過去の実績情報**」、将来を予測するために必要な「予約」「予定」の「**未来情報**」を利用することにしました。

コンソーシアムに参画するデータ提供事業者からは、あらかじめ集計可能な状態にするために、統計データとしてデータ抽出およびそれに必要なプログラムを

開発してもらいました。

　この抽出したデータを暗号化された通信経路で受領し、その後、「ビッグデータ活用システム」に取り込みます。この時点で、データ提供事業者ごとに異なるデータ項目に対する差異や、データフォーマットなどを統一化しました。データを活用しやすくするために、扱いやすいフォーマットに変更するのが目的です。

　データが取り込まれると、Web上で閲覧可能な「**データ提供システム**」を経由して、実証予定地域の事業者がデータ分析を行えるようになります。対象地域に宿泊する予定の人が、いつ、どのぐらいの人数で、どこの国から訪問してくるかなどといった情報を、グラフや表で可視化する仕組みを用意し、事業者自らが需要の予測やイベントの予定を検討できるようにすることを狙いとしていました。

　最後にこれらの蓄積データを、他地域の事業者にも活用してもらえるよう「**情報発信APIシステム**」を構築することにしました。こちらは希望者に対して、あらかじめユーザー登録してもらうことで、分析対象のデータにアクセスできるようにするためのシステムです。

　これまで述べた内容に必要なプログラム・機能は下表の通りです。

■ 開発対象のプログラム・機能一覧

開発対象のプログラム・機能	概　要
データ抽出プログラム	・ビッグデータの基となるデータを抽出するためのプログラム ・コンソーシアムでデータを提供する事業者ごとのプログラムが必要
データ伝送プログラム	抽出データを伝送するためのプログラム
データ登録・整形プログラム	各社の異なるフォーマットを統一し、一元管理するデータベースへ登録するためのバッチシステム
データ提供システム	・データを参照・閲覧するためのWebアプリケーション ・地域の事業者の方に利用してもらう想定
情報発信APIシステム	蓄積したビッグデータにAPI経由でアクセスするためのシステム

STEP2　システムで利用する技術基盤の整理

　システムの実現事項を整理すると同時に、どんな技術基盤を利用するか、開発チーム内で検討を進めました。仕様変更が十分に見込まれることもあり、必要以上に技術的リスクを負うことは避けて、利用実績のある技術を採用しました。こ

れがある程度長い期間のプロジェクトの場合は、逆に新しい技術を取り入れることで、プロジェクト内で繰り返されるイテレーションの過程で、チーム内の技術力を向上させるといった効果も期待することができます。

当社ではこれまでの開発実績があること、また広く一般的に利用されている技術であることから、次のような技術要素を利用することとしました。

◾ 利用した技術要素の構成図

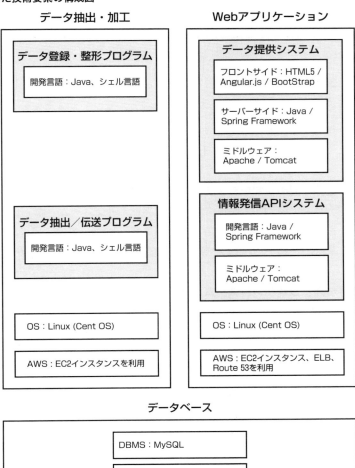

② 技術要素ごとの利用ソフトウェア（主要なソフトウェアを記載）

技術要素	利用ソフトウェア
プログラミング言語／フレームワーク（サーバーサイド）	・Java ・Spring Framework
プログラミング言語／フレームワーク（クライアントサイド）	HTML5／Angular.js／BootStrap
データベース	MySQL
OS	Linux（Cens OS）
インフラ	・AWS ・Amazon EC2／RDSなど

STEP3 見積方針の整理

　前提事項をある程度整理したところで、見積りに着手することとしました。今回見積りを作成するにあたって、大きく次の3つに分けて見積りを算出していくことにしました。

①比較的、仕様を固めやすいシステムの見積り

　「データ登録・整形プログラム」や「情報発信APIシステム」など、データの構造を決めると、比較的仕様を変更しないシステムについては、過去のシステム構築実績を基に、仕様・WBSを整理して、概算見積りを算出しました。

②仕様変更が発生しやすいシステムの見積り

　「データ提供システム」については、ユーザーへの提供を通じて、反応を見ながらシステム開発を進めていくため、次のことを考慮して見積りを実施することにしました。

- システムリリースのマイルストーン設定（合計3回のリリースタイミングの設定）
- 各マイルストーンで実現すべきストーリーを設定。それぞれのストーリーの重みを設定（重みの数字を「ストーリーポイント」とみなした）
- 後半はチームの生産性が向上することを加味して、より低いストーリーポイントで開発を実施し、実工数の削減を図ることを目標に設定

- 変化への対応のため、計画にないストーリー分を見積りとして積んでおく
- プロジェクト実行の過程で「ストーリーポイント」の生産性(実際にかかった時間)を確認し、最初に立てた見積りとの差異を確認していく

③インフラコストの見積り

　AWSを利用することは決めていたものの、実証期間中のインフラ利用コストを見積もる必要がありました。そこで、想定するサーバー構成、データ量などから、AWSの簡易見積りツールを利用して、概算の見積りを出すこととしました。

　①の見積りについては、次節で紹介する積み上げ法の見積りを行ったため、そこで解説することとし、以降のSTEPでは②と③の見積りについて紹介していきます。
　それでは実際の見積りの様子を見ていきましょう。

STEP4 ソフトウェア開発規模の見積り

　まずは前項で述べた「②仕様変更が発生しやすいシステムの見積り」についてです。仕様変更が発生しやすいソフトウェア開発の規模を算出するにあたっては、不透明になりがちな仕様をどのように固めていくかの道筋や、リリースタイミング、ユーザーからのフィードバック期間を設定していきました。

■ リリースごとのフィードバック

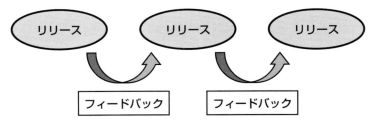

　上図のようにリリースタイミングおよびその後のユーザーからのフィードバック期間を定めることで、1回のリリースで費やすことができる期間およびリソースにある程度の制限を設定することができます。
　今回のプロジェクトでは、企業で利用する業務システムなどとは違い、最初か

らシステムの仕様をしっかりと固められないため、このようにある程度の制限を設けることが見積りを進めていく上では大切な要素になります。

一方で、制限ばかり加えてしまうと、実際の利用者のニーズには応えられません。そのため何段階かに分けて、利用者に実際に動くものを見てもらいながら、フィードバックをもらって反映していくといった手法も取り入れています。

●マイルストーン（リリースバージョン）の設定

ソフトウェア開発規模の見積りステップでは、リリースタイミングを決めるのと合わせてマイルストーンを設定します。各マイルストーンでは、どのような内容を実現するかを明確にしていきます。

STEP1でシステムで実現すべき内容を大まかに決めたものの、どのような画面（ユーザーインターフェース）にするのか、どこまでデータ項目を表示したり、ユーザーに操作をさせたりするのかなどは定めていない状態でした。

そこでシステム開発のマイルストーンの成果物として、α版、β版といったリリースバージョンをつけて提供していくこととしました。

本プロジェクトで設定したバージョンは次の通りです。

■ リリースバージョンの設定

バージョン	提供する内容	期間
α版	・最低限の機能構成、デザインは未適用 ・地域の方への説明、要望を吸い上げるためにどんなデータが見られて、どのように使えるかを説明して、フィードバックを受ける	2カ月
β版	・地域からのフィードバックを受けて、機能改修を実施 ・本番相当のデータ量を入れて、レスポンス・操作性なども確認 ・デザインの初版を適用 ・β版として関係者に配布して、再度フィードバックを受ける	2カ月
リリース版	β版でもらったフィードバックを反映し、システムとしての完成度を高める	2カ月

実証期間全体が1年間となっており、半年間程度はユーザーにある程度試してもらってサービス実証を行う必要がありました。

そこで、それぞれのバージョンについては、2カ月間ごとの期間を設定してユーザーのフィードバックを受けながら、バージョンアップをしていくこととしました。

●α版の実現内容の整理

　ソフトウェア開発規模の見積りステップの次の作業として、各リリースバージョンでどのような内容・要望を実現していくかを整理していきます。
　まずは直近のα版について、最低限の構成として、どのような機能を用意するかを関係者で議論しました。今回はビッグデータを活用するので、データの可視化や集計を行えるようにすることから始めることになりました。用意する機能は、次のようになりました。

- サービスを利用するための会員登録機能
- ログイン・認証機能
- 見たい地域を設定すると対象地域の宿泊傾向が一目でわかるマイページ機能
- 見たい地域や期間を指定して、グラフで傾向を見ることができる集計・グラフ表示機能
- 見たい地域や期間を指定して、データ項目を掛け合わせて集計できるクロス集計機能
- 見たい地域や期間を指定して、ランキング表示を見ることができるランキング機能
- 指定した地域の観光情報や施設情報を参照できる地図機能

　参考までに、次ページに「会員登録」「クロス集計機能」の画面イメージを掲載しておきます。
　提供機能を決めた段階では、詳細な内容までは決めていませんでしたが、機能を実現するために、どのようなステップで実現していくかを、もう少し深掘りしていきました。
　データの活用の肝となる集計・グラフ表示機能を例に挙げると、まずはどんな項目を集計できるかを整理して、それらを実際に画面に表示させるためには、どのような処理が必要となるかをまとめていきます。具体的には次のような項目が必要になります。

■ 会員登録機能の画面イメージ

■ クロス集計機能の画面イメージ

- 集計可能項目の整理
- 画面で表示させるグラフの種類の整理
- 画面で表示する値を取得する処理
- 画面での操作方法

　この作業によって洗い出された項目は、「集計・グラフで分析可能とする」といったストーリーを設定していく際の参考情報とします。

参考までに、「集計・グラフ表示機能」の画面イメージを掲載しておきます。

■ 集計・グラフ表示機能の画面イメージ

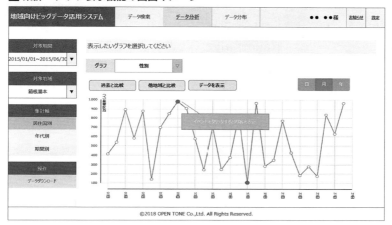

●α版のストーリー設定と概算ストーリーポイントの算出

　実現したい機能とそれらを実現していくための項目を洗い出したところで、ソフトウェア開発規模の見積りステップの最後の作業として、最初のリリースバージョンであるα版のストーリー設定と各ストーリーでかかるストーリーポイントを算出していきます。

■ ストーリー設定とストーリーポイントの算出

ストーリーの作成	ストーリーを実現する作業を洗い出す	作業工数の見積り
実現したい内容をストーリーとして記載 例：集計・グラフで分析可能とする	・実現するために必要な作業を洗い出す ・洗い出した作業をチケットとして登録する	・各作業にどの程度、工数がかかるかを算出する ・作業単位が大きすぎる場合は、さらに作業を分割する ・基準を決めたストーリーポイントで工数を表現する

↓

スプリントで実現するゴールを設定

ストーリーを定義する際には、実現したい機能単位にまずはストーリーを起こしていきます。先の例でいうと、「集計・グラフで分析可能とする」といったストーリー名になります。そして、そのストーリーを実現するために必要な作業項目をチケットとして起こしていくことになります。

　本プロジェクトでは「Redmine」というチケット管理システムで、プロジェクトの作業を管理していたので、そこにどんどんチケットとして登録をしていきます。また「Redmine Backlogs」プラグインを利用して、スプリント・ストーリーなどの管理、進捗の見える化を行っていきました。

■ Redmineによるプロジェクト管理

■ Redmine Backlogs

このプラグインを利用すると、「ストーリー」と「タスク」を整理でき、さらに「かんばん」表示機能によって、ストーリーにひも付く各タスクがそれぞれどのようなステータス（進捗状態）になっているのかを一目で見ることができます。

かんばん上で、タスクのステータスを変更させることも可能です。

◾ Redmine Backlogsのかんばん表示

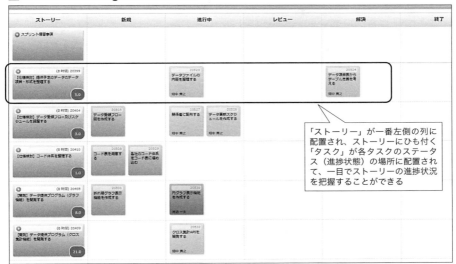

一通り、ストーリーとタスクを洗い出せた段階で、各ストーリーでどの程度、作業工数がかかりそうか見積りを行います。このとき、単純に「〇人日」と表すのではなく、**「ストーリーポイント」**と呼ばれる指標を利用しました。

「ストーリーポイント」とは、そのストーリーを実現するために必要な数値を表すものですが、チーム全体の生産性を図るために活用することができます。

また、「ストーリーポイント」では、基準設定をして「1・2・5……」のような感じで基準値を指定することが多いです。

最初は、「このストーリーがどれぐらいのストーリーポイントでできるのだろうか？」というのが見えづらいのですが、まずは見積りがしやすいストーリーにポイントを付けてみて、そこから相対的なポイントで算出するようにしてみました。

ストーリーポイントを利用することで、次のようなメリットが生まれます。

- チーム全体で特定の期間内で実現可能なストーリーポイント数がわかる
- 個人単位で特定の期間内で実現可能なストーリーポイント数がわかる
- 結果として、特定の期間内で実現可能な規模がわかる
- やり方や仕組みを変えることで、どの程度生産性が上がったかを測ることができる

　ここで「特定の期間」という表現をしたのですが、これはスクラムプロセスでいうところの「**スプリント**」という単位に該当します。スクラムプロセスでは、「スプリント」の中で対応するストーリーを決めたら、その完成に向けて、チーム一丸となって全力で進んでいきます。その他の余計なタスクを割り込ませないことで、チームとしての生産性を高める仕組みになっています。そうやってチーム全体で一体となる様子から「スクラム」といった表現をしています。
　以下は実際に初期の段階で定義したストーリーと、そのストーリーポイントになります。

■ ストーリーとストーリーポイント

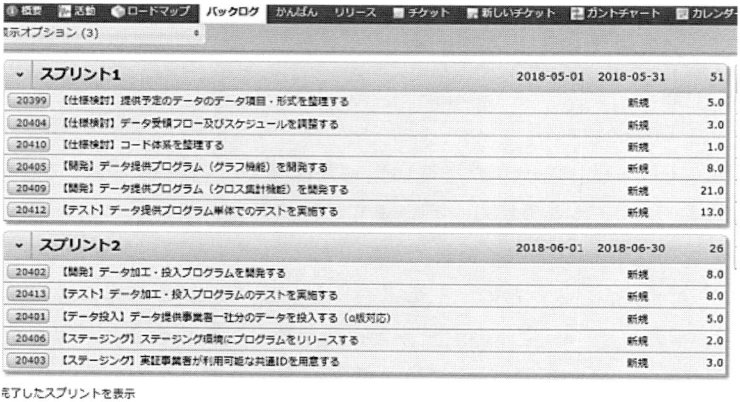

　上図はBacklogsでスプリントおよび各ストーリーを設定した画面になります。各スプリントで実現したい内容（＝ストーリー）が一覧化されて、実現する内容を確認することができます。
　各ストーリーの右端に「5.0」とか「3.0」といった数値がありますが、これがストーリーポイントです。これはストーリーを実現するのに必要なポイントを

表したものです。

ストーリーの左端にある番号はRedmineのチケット番号と呼ばれるものですが、クリックすると各ストーリーを実現するのに必要な作業（＝タスク）を見ることができます。

■ ストーリーの詳細画面

このタスクの内容を見ながら、どれぐらいのポイントが必要かを議論して、ストーリーの見積りを行います。

各ストーリーで算出したストーリーポイントを合計すると、スプリントで必要な合計のポイント数が算出されます。スプリントとストーリーポイントの画面では、「スプリント－1」と記載された行の一番右端に合計値が表示されています。

このようにしてα版で実施するスプリントおよび各スプリントの見積作業を行っていきました。

● β版以降の見積りについて

α版については、ここまで述べてきた通り、直近で実現したい内容を整理することで見積りを行いましたが、β版以降ではどのように変更が入ってくるかが、見積りの時点ではよく見えていませんでした。

そこで、ここまでの洗い出しで予期できたストーリーについては、β版やリリース版にも設定しておき、ユーザーから挙がってくるグラフの見せ方や操作性の改善要望などといった、それ以外の変更要望については許容できるストーリーポ

イントを設けることとしました。

　過去のプロジェクトで蓄積された値などがあると参考にしますが、当社も今回ははじめての試みでしたので、α版のフィードバック時点で再度精査することとし、概算見積りの段階では、予定されている予算を基に対応可能なリソースとコストから算出を行いました。

　また後述しますが、チーム全体で実現できるストーリーポイントについては、開発を進めていく中で生産性が高まっていきました。結果、当初の概算見積りより効率の良いコストパフォーマンスとなりました。

STEP5 インフラコストの見積り

　ソフトウェア開発規模の見積りを終えたところで、次はインフラコストです。インフラでは柔軟にサーバー構成やスペックを変更できるよう、AWSを利用することとしていました。

　サーバー構成やスペックを柔軟に変更できるのは、大きな利点である一方、プロジェクト予算を決める上では、金額まで柔軟に変更するわけにはいきません。

　AWSでは、必要なサーバー構成やデータ利用量を入力することで、月額の利用料金について、概算で見積もることができるツールを提供しています。本プロジェクトでも、このツールを利用して見積りを行いました。

■ AWS簡易見積りツールの画面

出典：http://calculator.s3.amazonaws.com/index.html?lng=ja_JP

見積りツールの使い方については、AWSの公式ページから使用方法の資料をダウンロードできますので、あわせて参照してください。

▪ AWSの課金体系と見積り方法のページ

出典：https://aws.amazon.com/jp/how-to-understand-pricing/

　AWSを利用するにあたっては、まず**どのようなサービスを利用するか**を整理する必要があります。本プロジェクトでは、サーバーとして、経験値を保有するLinuxサーバーを利用することを決めており、「EC2」と呼ばれる仮想サーバーのサービスを利用してインスタンスを作成することとしていました。

　また複数台構成にするため、負荷分散サーバーとなる「ELB」やサーバーのストレージとして利用する「EBS」など想定される事項を整理しながら、利用サービスをまとめていきました。次ページの図表が、今回のシステム構成で利用した主なサービスとなります。

利用したAWSサービス

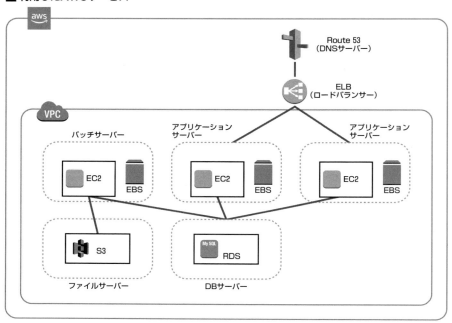

利用したAWSサービスの概要

利用サービス	サービス概要
• Amazon EC2 • Amazon EBS	コンピューティング、ストレージ
ELB	• ロードバランサー • SSL証明書（ACM）を利用 ※ACM（AWS Certificate Manager）はSSL証明書を取得・更新するサービス。取得したSSL証明書をELBに設定することが可能
Amazon S3	大容量ストレージ
Amazon RDS	• データベースサーバー • MySQLを利用
Amazon Route 53	• DNSサーバー • サービスのドメインやサブドメインを管理するために利用
Amazon VPC	プライベートな仮想ネットワークを構築

簡易見積りツールを起動すると、次ページの画面が表示されます。左側の列に

見積りが可能なサービスの一覧が並んでおり、最初は「Amazon EC2」が選択された状態になっています。

AWS簡易見積りツール（初期表示）

EC2のページには、次のような要素が並んでいます。

- コンピューティング：Amazon EC2インスタンス
- ストレージ：Amazon EBSボリューム
- Elastic IP
- データ転送

簡易見積りツールを利用する際に、**どのリージョン（地域）にサーバーを構築するか**を指定する必要があります。今回のプロジェクトでは国内での利用を想定していたため、リージョンは「Asia Pacific（Tokyo）」を選択しました。

Amazon EC2インスタンスを利用したい場合、「＋」ボタンを押すと行が増えるので、インスタンス数や使用率（1月当たりどの程度稼働させるのか）を設定していきます。また、インスタンスのタイプで、どのぐらいのスペックを持ったインスタンスにするかを指定します。

Amazon EC2で使用するストレージについては、「Amazon EBSボリューム」で指定します。ここでは各インスタンスに2つのストレージ（ルート用ボリュームとデータ用ボリューム）を設定しています。

この時点での設定状況が次ページの画面になります。

■ AWS簡易見積りツール（EC2とEBSを設定した状態）

ここで画面上部に「サービス」タブと「お客様の毎月の請求書のお見積り」タブが表示されているので、「お客様の毎月の請求書のお見積り」タブをクリックしてみます。

そうすると、次の画面のように現時点で設定した内容を基に、毎月どれぐらい料金がかかるかを表示してくれます。初年度についてはサービス利用の無料枠があるため、その内容も適用されています。

■ お客様の毎月の請求書のお見積り

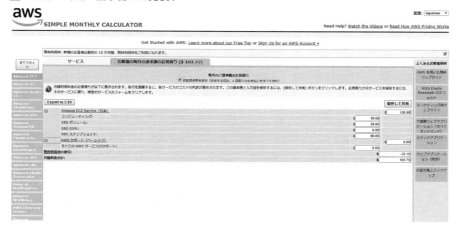

このように利用するサービスおよび想定される利用量などを設定していくことで、簡単に毎月の利用料金の目安を知ることができます。
　このプロジェクトではサービスが稼働する実証期間を6カ月としていたので、利用するサービスをすべて設定して表示された月額料金の合計を半年分積み上げたものをインフラコストとして見積りを行いました。

STEP6　概算見積表の作成

　ここまでで「ソフトウェア開発規模の見積り」と「インフラコストの見積り」を行ってきました。これらの情報を基に、概算見積りを作成していくのですが、この2つの見積りの数字を足すだけでは、見積りの項目としては不足しています。
　システム構築のプロジェクトでは、その他にも、次のようなコストがかかります。

- Webデザイン作成、Webデザイン適用
- インフラ構築
- セキュリティ診断（外部に依頼する場合は委託コスト）
- 運用環境の整備や運用ツールの整備
- 性能測定
- システムやデータの移行
- リリース計画
- プロジェクト管理工数

　プロジェクトの進行は、スクラムプロセスを取り入れて、仕様変更に対応しやすくするものの、プロジェクトで実施すべきタスクがなくなるわけでもありません。そのため、これらのコストもきちんと見積りの項目に入れておく必要があります。
　このようにして作成した概算見積表は次ページの通りです。

▶ 概算見積表

総　額	金　額	備　考
データプラットフォーム構築費用	XXXXXXXX	

見積り（データ提供事業者）	金　額	備　考
データ抽出、加工		
データ提供事業者A	XXXXXXXX	平成27年度分
データ提供事業者B	XXXXXXXX	平成27年度分
データ提供事業者C	XXXXXXXX	平成27年度分
合　計	XXXXXXXX	

見積り（データプラットフォーム構築）	金　額	備　考
システム設計、仕様作成		
システム仕様作成	XXXXXXXX	
システム方式設計	XXXXXXXX	
データプラットフォーム構築		
データ伝送システム	XXXXXXXX	
データ登録・整形システム	XXXXXXXX	
データ提供システム	XXXXXXXX	
情報発信APIシステム	XXXXXXXX	
インフラ構築・運用設計・準備	XXXXXXXX	
テスト		
結合・総合テスト	XXXXXXXX	
脆弱性診断	XXXXXXXX	
データプラットフォーム運営		
クラウド利用費用	XXXXXXXX	
システム運用費用	XXXXXXXX	
その他費用		
クラウド構築コンサルティング	XXXXXXXX	
クラウド運営委託	XXXXXXXX	
プロジェクト管理		
プロジェクトマネジメント	XXXXXXXX	
	XXXXXXXX	
合　計	XXXXXXXX	

STEP7　生産性の測定による見積精度の向上

　ソフトウェア開発規模の見積り、インフラコストの見積り、概算見積表の作成と、本プロジェクトでの見積り作成の過程を紹介しました。

　ソフトウェア開発規模の見積りでは、企業やチーム内でこれまでの実績数値を保有している場合には、より精度の高い見積りを作成することができます。

インフラコストの見積りでは、クラウドベンダーが提供する見積りツールを活用することで、精度の高い見積りを作成することができます。また、うまく割引プランを活用することで、さらにコストパフォーマンスを高めていくこともできます。

　概算見積りの項目については、はじめてのときにはタスクの洗い出しと積算による工数算出などの方法を採りますが、こちらも実績数値を取得していくことで、ソフトウェア開発規模の見積りに準じた適正な見積りを算出することができるようになります。

　先ほどから「実績数値」を取得することの大切さを述べていますが、本プロジェクトでもストーリーポイントを算出しただけではなく、それに対する実績数値を取得し、チームの生産性向上のために役立てることを試みました。

■ ストーリーポイントの実績値の取得

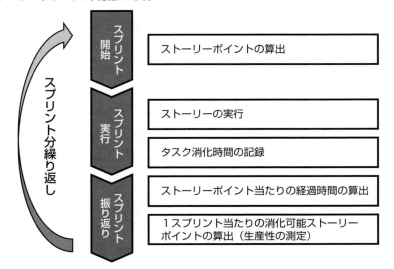

　スプリント開始時点では、該当スプリントで実施するストーリーを割り当てて、それぞれのストーリーポイントを算出します。概算見積り時点とは異なり、仕様や実現内容をより具体的にした状態で見積もります。

　スプリント内で実行するストーリーを決めたら、ストーリーの実行に着手しますが、その際、消化するタスクについて、どの程度時間がかかったかをメンバー

に登録してもらいます。本プロジェクトではRedmineを利用していたため、画面から簡単に記録することができました。

▣ Redmineによる作業時間の記録

スプリント終了時には、**そのスプリントの振り返り**を行います。実際に開始時点で見積もった時間と経過時間を比較します。もし差分が出ていた場合、見積り時に想定していなかった内容があったか、もしくは見積りより少ないストーリーポイントでできた要因は何かなどをチームで話し合い、ノウハウとして蓄積していきます。そして、チームでのスプリント当たりの消化可能ストーリーポイントを計測することで、現在のチームのパフォーマンスを把握していくことも振り返りの目的のひとつです。

現在のチームのパフォーマンスを把握することができたら、よりパフォーマンスを高めるために**どんなことを改善・工夫したら良いか**についても話し合います。可能なら、その次のスプリントで試してみて、実際にパフォーマンスがどの程度変わったかを計測値を基に評価します。

こういったことを積み重ねることで、チーム全体の生産性を高めていけることも、振り返りを行うことのメリットのひとつです。

スクラムプロセスを導入する際には、振り返りの時間も確保して、そのような効果を感じてみてください。

見積りの実習をしてみよう

それでは、これまでの説明を参考にしながら、実際に見積作業をしてみましょう。ここでは、この開発事例で作成したデータに外部ユーザーからもアクセス可能にするために、公開APIサーバーおよびアプリケーションを開発することを想定した見積りを実施してみることにします。

ソフトウェア開発規模

アプリケーションで実現したい機能は、大まかに分けて、次の3つとなります。

①集計済みのデータを取得するためのAPI機能
②クロス集計データを取得するためのAPI機能
③APIアプリケーションにアクセス許可を与えるための認可機能

それぞれの機能を実現するために、必要な作業をチーム内で洗い出してみたところ、次のようなストーリーとサブタスクの構成となりました。

見積りの対象機能を実現するストーリーとサブタスク

対象機能	ストーリー	サブタスク
①	集計済みのデータをAPI経由で取得可能とする	・API機能の仕様をまとめる ・APIを開発（実装・単体テストコード作成）する（1API）
②	クロス集計データをAPI経由で取得可能とする	・API機能の仕様をまとめる ・各APIを開発（実装・単体テストコード作成）する（2API）
③	API利用ユーザーのアクセス制御・認可を実現する	・認可機能の仕組みを調査する ・フレームワークで準備されている認可機能の設定をする ・認可機能の単体テストをする

なお、③のAPIアプリケーションにアクセス許可を与える認可機能については、「OAuth2.0」といわれる仕様を利用します。詳しくは割愛しますが、ユーザーにリソースアクセスや個人情報へのアクセスを許可する際に使用する「OpenID Connect」といった仕様でも利用される一般的な仕組みで、利用するフレームワークによっては標準機能として提供されています。

参考：The OAuth 2.0 Authorization Framework
URL https://openid-foundation-japan.github.io/rfc6749.ja.html

　タスクの洗い出しを終えた後は、本来はチーム内で見積りをしていきますが、ここではチーム内のこれまでの実績から、おおむね下表のような標準ストーリーポイント（各ポイントに対する工数）を算出できているとして、各ストーリーのストーリーポイントを算出してみてください。

標準タスクと実際に必要なストーリーポイント

標準タスク	標準ストーリーポイント
APIの仕様をまとめる	2.0
APIを開発（実装・単体テストコード）する	1API当たり3.0
認可機能の調査・設定	3.0
認可機能の単体テスト	2.0

　この開発チームでは、1日の作業量について、1人当たり実施可能なストーリーポイントをどれぐらいにするかを話し合いました。
　「多くの企業の標準的な稼働時間は1日7.5～8時間だから、『8.0』にしても良いのではないか」という意見も出ましたが、集中力を生み出すために、適宜、休憩を入れたり、少し回り道だけど周辺知識を調べたりなど、今後の生産性を高めるために取り組める時間も少し入れておこうということになり、「5.0」というポイントを設定することとしました。
　いかがでしたか。皆さんのチームでは、どれぐらいのストーリーポイントでこのAPIシステムを実現できそうでしょうか。

インフラコストの見積り

　次ページのネットワーク構成図および表を参考にして、AWS簡易見積りツールを利用して、見積もってみましょう。なお、実際に当社がAWS簡易見積もりツールで作成した見積りは、本書の読者特典に含んでいますので、あわせて参照してください（読者特典のダウンロード方法は8ページ参照）。

ネットワーク構成図

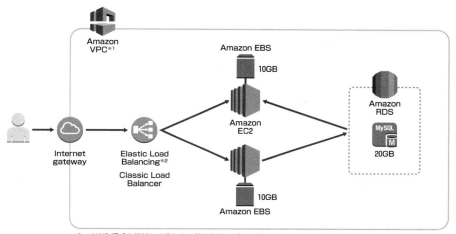

※1 AWS構成を単純にするため、踏み台サーバーなどのメンテナンスアクセス用のサーバーは除外
※2 セキュリティグループ、サブネットなどのネットワーク設定情報は省略
＊サーバーを構築する地域(リージョン)は、「Asia Pacific (Tokyo)」を利用する

ネットワーク構成図に関する説明

利用するサービス	スペック	補　足
Amazon VPC	—	・見積りでは指定不要 ・Internet Gatewayを利用
Elastic Load Balancing Classic Load Balancer1台	—	処理されたデータ総量：1GB／月
Amazon EC2 インスタンス2台	Linux t2.small	・vCPU×1、メモリ2.0G ・100%使用率／月、オンデマンド
Amazon EBS ボリューム2台	General Purpose SSD	・ストレージ：10GB ・スナップショットストレージ：60GB／月
Amazon RDS MySQL1台	db.t2.micro	・スタンダード（シングルAZ） ・汎用（SSD）20GB ・100%使用率／月、オンデマンド

ミッションクリティカルなWeb業務管理システムの開発

プロジェクトの概要

　本節で取り上げるプロジェクトは、医療分野で症例情報を管理するための一連の機能を持ったシステム開発プロジェクトです。

　この企業では、以前に一度、スクラッチ開発でシステムを構築していました。しかしながらビジネス環境やグローバル化の変化が激しく、既存システムのままでは顧客ニーズに対応できないケースが多く発生していました。

　また、今後もさらなる変化・スピードへの対応が求められることから、システムリプレースを行うと同時に、マイクロサービスという、管理対象を細分化した変更に強いシステムアーキテクチャを採用することにしました。

　このプロジェクトは、当社がこれまで受注した中で最も概算見積額が大きくなったプロジェクトとなりました。開発規模が大きいことから、プロジェクト開始時点ですべての見積りを正確に算出することはできなかったため、基本に忠実に、WBSを洗い出し、各工程のコストを算出して見積もる積み上げ法を採用しています。

　プロジェクトの進行形式としては、ウォーターフォールモデルを採用していますが、一部、仕様変更の対応を加味して、開発からテスト段階では、イテレーシ

開発事例で登場する用語（ミッションクリティカルなWeb業務管理システム開発）

カテゴリ	用　語	説　明
提案	WBS	・Work Breakdown Structureの略で、プロジェクト全体を細かい作業に分解した表（もしくは図） ・作業を洗い出すことで抜け漏れを見付けやすくするメリットもある
開発	マイクロサービス	・開発対象を細分化して、管理するソフトウェア・アーキテクチャとして「マイクロサービス」というアーキテクチャが増えてきている ・システムで実現すべき機能を小さなサービスとして捉えて、各サービスはWeb APIを介して連携できるようにするアーキテクチャ
利用ツール／サービス	Backlog	・Web制作、ソフトウェア開発、大手広告代理店、新聞社などさまざまな業種で使われているプロジェクト管理ツール ・シンプルで直感的に使えるデザインが特徴のため、マーケターやデザイナーなどにも幅広く利用されている 参照：Backlog **URL** https://backlog.com/ja/

ョン形式のプロセスを取り込んでいます。これらはWBS作成時に、あらかじめいくつかのイテレーションに分けて、対応工数を盛り込むようにしています。

さらに当社にとっては、新しい言語やフレームワークを利用するため、技術的なリスクを回避するとともに、事前の技術調査なども必要なプロジェクトでした。

それではまず、見積りをどのような流れで進めていったかを見てみましょう。

見積りの流れ

本プロジェクトでは、次のような流れで見積りを進めました。

- STEP1　情報収集・ヒアリング
- STEP2　RFPの受領
- STEP3　提案書の作成
- STEP4　概算見積りの作成
- STEP5　要件定義フェーズの見積り
- STEP6　設計工程以降の見積り

それでは、それぞれのSTEPについて詳しく見ていきます。

STEP1　情報収集・ヒアリング

パッケージを含めた新規システム刷新プロジェクトを検討しているという顧客から今回のプロジェクト発足の背景や、どのような効果を期待しているかについてヒアリングを行いました。

見積りだけにフォーカスを当てると、どんなソフトウェアをどれぐらいの規模、スケジュールで作成するのか、といったところに着目しがちです。

しかしながら、**そのソフトウェアをどのようにビジネスに活かしていくのか**、といったところまでしっかりとヒアリングする必要があります。その上で見積作業を実施しないと、ただ数字を出すことだけに注力してしまいかねません。

ビジネスで活かすためには、このような要件や作業が必要ですと、提案と同時に見積りにも顧客の思いを組み入れて出せるよう、しっかりと情報収集・ヒアリングを行っていきました。

ヒアリングは顧客の思いを引き出せるように行う

STEP2 **RFPの受領**

　顧客側でもプロジェクトの発足準備と並行して、自分たちの要求を文書化して、それを「RFP（提案依頼書）」として、提案依頼先に配布しました。

　当社もその資料を受領し、これまでの情報収集・ヒアリング結果を踏まえて、ユーザー要求を確認していきました。不明点、確認事項などは、QA表としてまとめて、顧客に再度ヒアリングに行きました。

　今回配布されたRFPには、「機能要件」と「非機能要件」の項目が記載されていました。

　RFPや要求仕様書では、機能要件（≒顧客が実現したいこと）に多くの情報が割かれがちですが、見積りにおいては、非機能要件のほうが工数にインパクトを与えることも多いため、慎重に確認します。

▶ RFPのサンプル

```
                              開発委託用RFP見本   V1.0e

                          目    次
   1. システム概要                                    1
     1.1  システム化の背景                            1
     1.2  システム化の目的・方針                      3
     1.3  解決したい課題                              4
     1.4  狙いとする効果                              4
     1.5  現行システムとの関連                        6
     1.6  会社・組織概要                              7
     1.7  新システムの利用者                          8
     1.8  予算                                        8
   2. 提案依頼事項                                    9
     2.1  提案の範囲                                  9
     2.2  調達内容・業務の詳細                       11
     2.3  システム構成                               11
     2.4  品質・性能条件                             12
     2.5  運用条件                                   13
     2.6  納期およびスケジュール                     13
     2.7  納品条件                                   13
     2.8  定例報告および共同レビュー                 14
     2.9  開発推進体制                               14
     2.10 開発管理 開発手法 開発言語                 15
     2.11 移行方法                                   15
     2.12 教育訓練                                   16
     2.13 保守条件                                   16
     2.14 グリーン調達                               16
     2.15 費用見積                                   17
     2.16 貴社情報                                   17
```

出典：ITコーディネータ協会　RFP／SLA見本
URL https://www.itc.or.jp/foritc/useful/rfpsla/rfpsla_doui.html

STEP3　提案書の作成

　ここまでの情報収集の結果を基に、提案書を作成していきます。提案書では、RFPに記載された要求事項に対する回答・提案内容や、提案書に記載すべき事項に対する回答をまとめていきます。RFPによっては、評価項目一覧を付けてくれている場合もあるので、その場合には評価項目ごとに提案ポイントを整理します。
　さらに本提案の差別化として、**この提案のコンセプトポイントは何か**をまとめ

ていくようにします。このコンセプトポイントをズラさないためにも、最初の「情報収集・ヒアリング」が大切な作業となってくるわけです。

STEP4 概算見積りの作成

提案の段階においては、**概算見積り**を作成します。まだ細かい要件定義の作業を行っていないため、詳細な見積作業を実施することができません。そのためプロジェクトの開発プロセスを定義した上で、要件定義とそれ以降のフェーズに分けて見積りを作成する方針を提案しました。

顧客側も予算獲得のための概算金額を知りたいということもあり、この方針を採用しました。要件定義の段階では、予算を意識しながらもある程度はコストをコントロールしながら、プロジェクトを進めていけるからです。

STEP5 要件定義フェーズの見積り

要件定義フェーズでは、ユーザー要求を基に、業務フローに関するヒアリングやそれらに対するシステム機能一覧の整備を行います。それらを機能要件として、整理していきます。また、システム全体の方式設計を行いながら、非機能要件を整理し、考慮漏れが起こらないようにシステム方式設計書としてまとめていきます。

■ システム方式設計書のイメージ

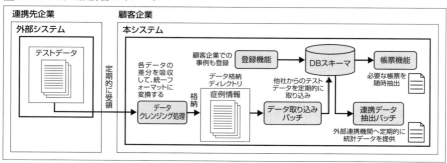

◼ **システム方式設計書の目次**

1. **システム・アーキテクチャ**
   - (1) サーバー・ネットワーク全体像
   - (2) サーバー・ネットワーク構成図
   - (3) Webサーバー・APサーバーのソフトウェア・利用モジュール構成
   - (4) DBサーバー構成
2. **アプリケーション・アーキテクチャ**
   - (1) アプリケーション・フレームワーク全体像
   - (2) 共通処理方式
   - (3) 個別処理方式
   - (4) セキュリティ対策
3. **ユーザー・インタフェース方式**
   - (1) 画面共通レイアウト
   - (2) 画面遷移パターン
   - (3) 画面タイプ別共通仕様
     - 検索画面
     - 一覧画面
     - 参照画面
     - 一括登録画面
   - (4) ダウンロード方式
4. **外部システム連携方式**
   - (1) 外部システム連携イメージ
   - (2) 各処理の役割
   - (3) 連携エラー時処理

STEP6 設計工程以降の見積り

　要件定義で作成した成果物をインプットとして、基本設計以降の工程の見積りを行いました。PL（プロジェクトリーダー）、SE（システムエンジニア）、PG（プログラマ）など、役割ごとの単価と画面・機能に関する標準工数表をまとめて見積りを算出するようにしました。

　このように規模が大きいプロジェクトでは、一度にすべての見積りを行うのではなく、段階的な見積りを実施（契約も工程ごとに分けて実施）することで、顧客と大きな齟齬を発生させないように、慎重に進めていきます。

　それでは、実際に見積りを行った様子を見ていきましょう。

見積りにあたってよく直面する4つの課題点

　見積りを実施するにあたってよく直面する課題点を4つ挙げてみます。これら

は各担当者に任せるのではなく、組織としてどのような方針で見積りを行っていくのかを整理しておくことが望ましいです。

①見積作業そのもののコスト

先ほどの「見積りの流れ」で説明した通り、提案や見積作業そのものについても、相応のコストがかかります。これらのコストをどのように計上していくかということを考えておかなければいけません。

たとえばコンサルティング会社のようなところであれば、RFP作成やシステムプロジェクトの発足支援ということで、時間単位でのコンサルティング費用を請求することもあります。

当社では提案や見積作業については、営業コストとして計上し、プロジェクト受注後に適正な収益につながるように見積りの金額に反映するようにしています。

ただし、これらの作業は、プロジェクトを受注できなかった場合はそのまま自社負担になるので、「提案する」「提案しない」ということも、会社や事業の方針に応じて検討していかないと、必要以上にコストだけが消費されることにもなりかねません。

ソフトウェア開発においては、自動化や効率化などへの取り組みを通じて、「生産性の向上」といったテーマがよく取り上げられますが、提案や見積作業についても、同じように生産性を向上させていくことで、提案品質やコスト効率の向上につながり、プロジェクト提案の競争力向上にもつながっていきます。ぜひ取り組んでみてください。

②見積りを段階的に実施

提案時は、もちろんプロジェクトにかかる費用を計上していくわけですが、提案当初でいきなり精緻な見積りを出していけるわけではありません。

第4章の「多段階見積りのススメ」でも解説している通り、本プロジェクトにおいても、顧客側にもその点について説明を行い、理解してもらいました。提案時の概算見積り、要件定義フェーズの見積り、それ以降の見積りといったように、段階的に見積りを提示し、都度、契約を締結しました。

このやり方は当初の予算金額からズレてしまう可能性もありますが、当初想定したボリュームと、実際に要件定義を終えた段階での認識合わせを双方で行うことができ、早期に調整が可能といったメリットがあります。

実際に開発工程に入る前に調整ができるため、「予算を調整するのか」「開発対象のスコープを調整するのか」「他社を含めて、よりコスト生産性の高い企業に発注するのか」など、顧客側にも選択肢が広がるといったメリットが生まれます。

後工程になるほど、予算・スコープを含めて調整が困難になるので、一定以上の規模のプロジェクトでは、多段階での見積方式を採用する（提案する）ことも視野に入れてみてください。

③要件定義に対する姿勢

要件定義フェーズでは、要件定義の内容がまとまらずにプロジェクトが混沌としてしまうことはよくある話です。特に大きく影響する要因が、顧客側がどの程度、プロジェクトに関与しているかです。よくある例として、顧客が通常業務をかけもちしながらプロジェクトに参加するため、業務多忙を理由に、プロジェクトの会議や意思決定にほとんど参加できないということがあります。

顧客側の関与が薄くなると、重要な仕様決定の判断がなかなか進まず、結果として要件定義の作業の遅れにつながり、設計以降の工程に影響が出たり、場合によっては要件が変更となってしまったり、開発フェーズ中に大きな手戻りが発生することも想定されます。

このようなことを防ぐため、見積りの段階で、各工程における作業、レビュー、準備など、顧客と分担する作業について認識合わせをしておくことが大切です。

■ 顧客との役割分担（要件定義フェーズ）

工程	作業項目	成果物	役割分担	
			開発会社	顧客
要件定義	要件定義書作成	要件定義書	・業務要求、機能要求に対するヒアリング ・ヒアリング結果の整理、取りまとめ ・非機能要件に対するヒアリング ・非機能要件項目の整理 ・要件定義書の作成および説明	・関連部門からの要望の吸上げおよび整理 ・重要判断事項に対するコミットメント ・業務、機能などQAに対する回答 ・運用／インフラチームからの情報取得および提供 ・要件定義書の内容確認および承認
プロジェクト管理	・プロジェクト計画書作成 ・プロジェクト進行管理	・プロジェクト計画書 ・WBS／ガントチャート ・課題管理表	・プロジェクト計画書の作成および説明 ・進捗状況の更新および説明 ・進捗状況に対する課題発生時の迅速な報告	・プロジェクト計画書の内容確認および承認 ・進捗状況の確認 ・必要に応じて対策を実施

④見積対象の細分化

　大規模なシステムの見積りを一気に行おうとすると、当然のことながら考慮すべき範囲が広がります。一方、細かい単位に分けて、それぞれ見通しを良くした状態で見積りを実施することで、見積りのブレ具合を小さくすることができます。

　ひとつの方法としては、第8章で述べたようなイテレーションを活用して、開発サイクルそのものを小さくして、細かく機能拡張していくやり方があります。

　しかし、今回は新規システムの構築であったため、構築対象のシステムをまとまりの良い機能単位で細分化して見積りを行うこととしました。

　その見積りを支える技術的なアーキテクチャとして、メンテナンスやシステムの視認性を良くする「**マイクロサービス**」という単位でシステム開発を進める方法を用いたことにより、開発対象のサービスを明確化していくとともに、見積り時にも見通しが良くなり、工数を算出しやすくなるという効果がありました。

マイクロサービスとは？

　近年は、モバイルやソーシャル、IoTといったキーワードがよく取り上げられるようになっていますが、ビジネス環境の大きな変化の中で、顧客も素早く変化に気付き、それらの変化のニーズを取り込んでいく姿勢が求められてきています。

　そういった中で、あらかじめすべての要件を定義し、長期間にわたって開発を行うというウォーターフォールモデルのプロジェクトでは、変化を取り込むことが遅れてしまう懸念があります。

　そのような背景の下、システム開発プロジェクトでは、短期間に開発プロセスを繰り返して、変化を取り込んでいこうというアジャイル型のプロジェクト進行が浸透しています。

　さらに、開発対象を細分化して管理するソフトウェアアーキテクチャとして「マイクロサービス」といったアーキテクチャの採用が増えてきています。

　システムで実現すべき機能を小さなサービスとして捉えて、各サービスはWeb APIを介して連携できるようにするアーキテクチャです。Web APIを介することによって、どんな開発言語で開発するかも、そのサービス内で決定していくことができます。

　マイクロサービスでは、細かく管理することによって、次のようなメリットを享受することができます。

- 開発チームを分割することで、独立して開発・サービスのデプロイを行うことができる
- 他のサービスに影響を与えることなく、独立してスケールを拡張したり、縮小したりすることができる
- 各サービスが独立しており、サービス単位でプログラミング言語を選択することが可能なため、開発チームが得意な言語で開発を進めることができる
- プログラミング言語だけでなく、インフラやデータベース技術などさまざまな組み合わせでサービスを構成することができる

多様なWebサービス企業でも取り入れられているアーキテクチャであることから、今後、さらに広がっていくものと想定されます。

■ マイクロサービスのイメージ

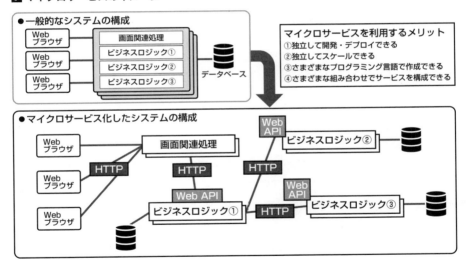

要件定義フェーズの見積り

ここからは要件定義フェーズの見積りを進めていきます。要件定義フェーズでは、下記の流れで見積作業を進めていきました。

- STEP1　見積方針の整理
- STEP2　見積りに必要なWBSの洗い出し
- STEP3　WBSの各項目に関する工数算出
- STEP4　プロジェクトマネジメントの作業の整理
- STEP5　要件定義の不確定さを反映する

それでは、それぞれのSTEPについて詳しく見ていきます。

STEP1　見積方針の整理

要件定義フェーズの見積りをするにあたって、まず要件定義フェーズではどのような作業を実施し、どのような成果物を作成するか、顧客と認識をすり合わせることから始めました。

今回の契約形態は「請負契約」として、成果物をもって検収を行う形式としましたが、要件定義フェーズでは「業務委託契約」として、作業に必要な人数を算出して、その分の工数・費用をもらうという形式で実施することも増えています。

どちらの契約を採用するにしても、何をどれくらい実施するかをすり合わせておかないと、「要件定義」という言葉だけが独り歩きして、工数と時間だけがかかってしまうことにもなりかねません。

また、ソフトウェア開発では、要件定義フェーズでしっかりと仕様検討をしないまま進めてしまい、結果として設計以降の工程において戻り作業が膨らみ、工数が大きく超過してしまったということもよく聞かれる事例です。

そういったことを防ぐ意味でも、要件定義フェーズで何をすべきか、顧客と認識合わせをすることがとても大切なことになってきます。

実際に本プロジェクトにおいても、要件定義終了時に、再度見積りを行いまし

たが、その結果、想定していなかった要望事項や要件も含めた、提案時の概算見積りとは異なる見積結果を提出することとなりました。その見積りを踏まえて、顧客と対応すべき範囲を調整するなど、要件定義フェーズ以降の開発範囲を整理することができています。

このように提案時の段階ですべての見積りを精緻に出すのは困難であるという前提に立って、要件定義フェーズを進めたり、終了時の再見積りを実施したりする手法は、要件定義からリリースまで一括契約をしたプロジェクトにおいても、リスク低減のための有効な手段となります。

STEP2 見積りに必要なWBSの洗い出し

今回のプロジェクトでは、顧客、当社双方で標準となる開発プロセスを保有していました。そこで、それぞれの開発プロセスで実施する作業および成果物について、次のような対比表を作成して提案工程の中で認識合わせを行いました。

■ プロセス・成果物対比表

■顧客定義の成果物

成果物	成果物詳細	具体的な記載内容
要件定義書	業務仕様書	業務フローおよび手順説明
		業務フロー補足資料
	システム要件定義書	適用範囲
		機能要件
		非機能要件
		セキュリティ要件
	画面共通要件定義書	画面の分類
		画面のレイアウト
		画面のデザイン
		画面の遷移方針
		表示・入力規則
	データ概念設計書	概念エンティティ
		概念ER図
		データフロー
	インターフェース一覧	インターフェース一覧
	アプリケーション・アーキテクチャ設計書	システム概念図
		システム構成図
		アプリケーション方式設計

■当社定義のプロセス・成果物

当社プロセスで定義している対応工程	成果物
A01.要求開発・要件定義 A02.システム方式設計	当社成果物はないが、御社成果物の作成を支援
A01.要求開発・要件定義 A02.システム方式設計	画面共通要件定義書
A01.要求開発・要件定義	DB概念設計書
A01.要求開発・要件定義	ユースケース図／ユースケース記述
A02.システム方式設計	システム方式設計書

作業をするにあたって、参照可能な資料は何か、また、成果物を作成するために必要な作業に過不足がないかを確認していきます。結果として、要件定義フェーズで実施することになった作業・成果物は次の通りとなりました。

■ 要求開発・要件定義の作業成果物（要件定義書）の内容

要件	記載内容
機能要件	ユースケース一覧
	ユースケース記述
	業務フロー
	機能要件一覧
	画面共通仕様
	データベース概念モデル
非機能要件	セキュリティ要件
	インフラ要件
	サーバー構成図
	ソフトウェア構成図
	インフラ構成図
	ネットワーク構成図
	冗長構成・サイジング

■ システム方式設計の作業成果物（システム方式設計書）の内容

方式設計	記載内容
システム方式設計	アプリケーション・アーキテクチャ設計
	機能共通処理方式
	画面共通処理方式
	帳票出力処理方式
	バッチ処理方式
	外部システム連携方式

　洗い出した作業および成果物に対して、実施する作業者をアサインしていきます。その際、その作業に適した人材をアサインしていき、できるだけスムーズに作業できるように調整していくことが肝要です。

STEP3　WBSの各項目に関する工数算出

　前項で作成したWBSを基に見積りを算出していきますが、ここではアサインした要員の役割に応じて、工数×単価で金額を算出していきました。
　当社では役割に応じた単価表を用意しており、どれくらいの作業をできる人がどれくらいの金額で作業するか、見積り自体に根拠を持たせるようにしています。

◼ 役割に応じた単価表

(税抜き、単位：万)

ランク	職　種	主な役割	基準単価 (月額)
6	上級SE/ 上級PM	・顧客のビジネスドメインや業務に深い知識を保有し、効率改善のための詳細な分析や提案を実施する ・プロジェクト全体のスコープ、予算、工程、品質などを加味しながらシステム化要件をまとめきれる	×××
5	上級SE/ PM	・アーキテクチャの設計において、システムに対する要求が整理可能な技術の調査を行う ・開発プロジェクトでのベンダー側のマネージャー業務を実施する	×××
4	SE/PL	・スコープ、予算、工程、品質などのバランスを取りながらソフトウェアを開発する ・下位技術者を指導しながら、要求水準を満たすソフトウェアを完成させる ・開発チームのプロジェクト進行管理を実施する	×××
3	SE	・スコープ、予算、工程、品質などのバランスを取りながら、ソフトウェアを開発する ・下位技術者を指導しながら、要求水準を満たすソフトウェアを完成させる	×××
2	初級SE	一人称でソフトウェアの設計、開発、テストを実施する	×××
1	初級PG	上位者の指導の下、ソフトウェアの設計、開発、テストを実施する	×××

STEP4　プロジェクトマネジメントの作業の整理

　ここまででそれぞれの見積作業を終えたのですが、これに加えて各作業をスムーズに進行させるためにプロジェクトマネジメントの作業者の工数を追加します。

　アサインした作業者が、成果物に対する作業をきちんと実施すると同時に、それらの作業ができるだけスムーズに進行するように、顧客側と調整を図ったり、レビューやその内容のフィードバックをしっかりと反映させていくための管理作業などをしたりしながら、プロジェクトを進行させていきます。

　工数としては追加になるものの、このプロジェクトマネジメントが円滑に行われることで、プロジェクト全体が進んでいくことを考えると、むしろ効率化を生み出すための工数ともいえます。

　ともすれば、プロジェクトマネジメントに単純に進捗管理や、コスト管理だけに着目・集中しているような事案もあったりしますが、本来のプロジェクトマネジメントは、各種の調整を通じて、プロジェクトとして設定したゴールやプロジェクトのKPI達成（そこにはスケジュール・コストも含まれる）に向けて、次に進んでいけるかを実行していく作業となります。

■ プロジェクトマネージャーの調整作業

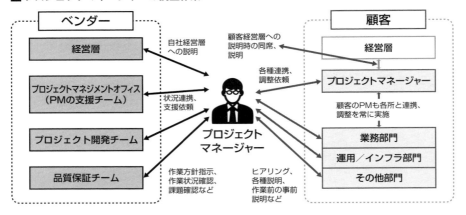

STEP5 要件定義の不確定さを反映する

もう1点考慮すべき事項として、**要件定義の不確定さを見積りにどの程度反映させるか**があります。

要件定義フェーズにおいてさまざまな要件を詰めていく中で、顧客も気付いていなかった要望というものが生まれてくることが多くあります。そのため当社でも、「要求開発・要件定義」といったプロセス名を定義しています。

新しく発生した要望も含めて要件として整理し、「要件定義フェーズ以降の工程」で再度見積りを実施して、最初の段階でどこまで実現していくかということを詰めていければ良いのですが、一方で提案時に配布されている「ユーザーからのRFP」の範囲を大きく上回る要求が出てくると、当初見積りを行った要件定義フェーズの工数では不足することも十分に想定されます。

あまりにも隔たりが大きい場合は、ビジネスの観点から、「これだけのコストをかけて実施するべき内容なのか？」「ビジネス上、すべて実施しないといけないことなのか？」といった点を見直し、必要なら勇気を持ってプロジェクトを一時停止させることが、かえって別のやり方を考えるきっかけになることも十分あり得ます。

要件定義を終えると、早く次のフェーズに移りたいという気持ちになりますが、もともとはビジネスを強化・加速するためのプロジェクトのはずです。一呼吸して見積りをしっかり見直しましょう。

隔たりが許容範囲であれば、リスク管理として、そのリスクが発生した場合の措置を決めておくことで（スケジュール・人員を追加して、その分は追加費用とするなど）、不必要なリスク工数の上乗せといったことは避けられます。もしくは顧客の同意の下、多少のバッファ工数を含んでおくこともひとつの手段となります。その場合、バッファ工数の管理をしておくことも大切です。

■ 計画工数との乖離時の見直し

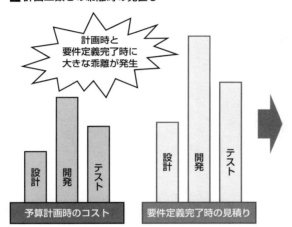

　提案自体は紆余曲折がありましたが、無事受注できました。要件定義フェーズを終える段階になり、次は「要件定義フェーズ以降」の見積りに着手しました。続いて、基本設計以降の見積りについて、見ていきましょう。

要件定義フェーズ以降（基本設計以降）の見積り

　前項で取り上げた要件定義フェーズで作成した成果物が出来上がってくるのと並行して、要件定義フェーズ以降の見積りに着手していきました。
　要件定義フェーズ以降で実施する工程としては、次ページの表のようなものがありました。

🔳 要件定義フェーズ以降で実施する工程

工　程	実施する項目
開発	・基本設計 ・詳細設計 ・実装・単体テスト
インフラ・運用	・インフラ・運用設計 ・運用ツール開発
テスト	・テスト計画 ・結合テスト ・総合テスト ・ユーザー検証テスト
プロジェクト マネジメント	・プロジェクトの進行管理 ・プロジェクト関係者との各種調整

　これらの工程の工数と、プロジェクト進行に必要なコストの見積りをそれぞれ行っていきます。なお、本プロジェクトでは顧客側にインフラ構築を行う部隊がいたため、見積りにおいても、インフラ構築作業は除くことで、顧客と合意をしていました。
　まずは「開発」工程の見積りから行っていきましょう。

①開発規模の見積り

　開発規模の見積りは、基本設計、詳細設計、実装・単体テストといった開発にまつわる工程について、要件定義フェーズで整理した「画面・機能・帳票」単位に工数を算出して、それらを積み上げて、各工程の見積工数としました。
　「画面・機能・帳票」単位の工数算出については、それぞれ標準工数表を作成しておき、難易度などに応じて、工数を算出できるようにします。こうすることで、機能ごとの見積工数を算出する際にブレにくくなり、また数字としての根拠も示しやすくなります。ある程度の実績値の蓄積は必要ですが、用意しておくと重宝しますので、ぜひ皆さんの現場でも検討してみてください。

■ 標準工数表の例（画面・機能）

画面タイプ	タイプ	基本設計	詳細設計	実　装
①	一覧形式	××	××	××
②	一覧(詳細)形式	××	××	××
③	単票形式(参照)	××	××	××
④	単票形式(参照＋一覧)	××	××	××
⑤	単票(登録・更新)形式	××	××	××
⑥	単票形式(検索＋一覧(更新))	××	××	××
⑦	単票形式(検索＋一括登録)	××	××	××
⑧	グラフ形式	××	××	××
⑨	ダウンロード形式	××	××	××
⑩	取込方式	××	××	××

機能タイプ	タイプ	基本設計	詳細設計	実　装	実装/PG	実装/UT準備	実装/UT
①	参照(1件)		××	××	××	××	××
②	参照(複数)		××	××	××	××	××
③	追加		××	××	××	××	××
④	更新	××	××	××	××	××	
⑤	削除	××	××	××	××	××	
⑥	参照＋メール	××	××	××	××	××	
⑦	メール	××	××	××	××	××	
⑧	ロジック（大）	××	××	××	××	××	
⑨	ロジック（小）	××	××	××	××	××	

②インフラ・運用設計の見積り

　通常、「インフラ・運用設計」や「運用ツール開発」については、要件定義フェーズで作成した「インフラ構成図」「ソフトウェア構成図」「ネットワーク構成図」を基に、作業を洗い出して見積工数を算出します。しかし、今回は顧客のインフラ部隊で構築作業は実施することとなったため、設計書の作成工数のみ計上しました。

　この点については、実は後から振り返ると、工数超過となった項目でした。最近多く利用されているAWSなどのクラウド技術・サービスでは、次々と新しい技術やサービスがリリースされます。見積りの時点では、顧客も自社のインフラ部隊が保有する知識・技術力で十分対応可能と判断していましたが、結果的には活用方法がよくわからない技術要素などが発生してきてしまい、その部分については当社側で使い方の説明書やサンプルを提供することとなり、結果として見積り超過となってしまいました。

　インフラに、クラウドなどの新しいサービスが提供される環境を利用するときには、新しい技術を利用するための調査や補助資料の作成もあることを顧客に説

明するとともに、インフラ構築支援といった工数を計上しておくか、必要になった場合は、工数を計上する旨を説明しておくと良いでしょう。

③テスト工程の見積り

「テスト計画」「結合テスト」「総合テスト」「ユーザー検証テスト」については、「①開発規模の見積り」で算出したソフトウェア規模を基に、想定されるテスト工程の期間、規模を見積もり、そこに必要な要員をアサインして工数を算出しました。

④プロジェクトマネジメントなどの見積り

要件定義フェーズと同様、各工程の状況の見える化、スムーズに進行させるための調整など、プロジェクトマネジメントに対する要員の工数を算出します。

プロジェクトマネジメントの要員をどの程度割くかは、プロジェクトの規模や顧客との調整次第になります。今回は顧客側にも専任のプロジェクトマネージャーが配置されたため、私たちベンダー側では、プロジェクトマネージャーおよびプロジェクトリーダーをそれぞれ１名ずつ配置する体制としました。今回は品質保証について専任者を立てることとしたため、その要員の工数もあわせて計上しました。

見積りの際に注意すべき事項として、顧客側のプロジェクトマネージャーの経

▶ **プロジェクト体制図**

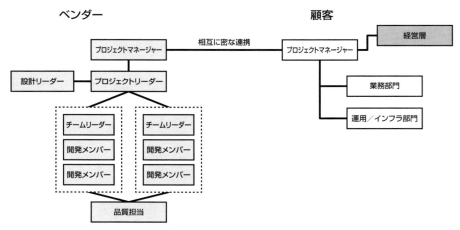

験を可能な限り確認しておくと良いでしょう。ありがちな例としては、プロジェクトマネージャーとしてアサインされたものの、先方の社内調整がほとんど進まず、要件確定や方針決定に必要以上に時間がかかってしまうことがあります。その場合、ベンダー側で各種資料を作成し、顧客側に説明するための工数などが割かれることが予想されます。なかなか表に出しづらい部分ではありますが、プロジェクトのリスク工数として一考しておく必要があります。

⑤見積金額の算出

　これまでの見積作業の段階で、各工程に必要な工数を算出しました。そして要件定義フェーズと同様に、役割ごとの単価表を当てはめて、最終的な見積金額を算出します。

　最終的な金額は、顧客との提案、交渉など営業活動の中で変動しますが、システム開発における工数の見積りという観点では、今まで述べてきたようなやり方で、それぞれの工程で実施すべき作業を見積もっていきます。

　この見積作業自体も、もちろん工数がかかることではありますが、見積りのプロセス、標準的な情報、根拠となる説明をしっかりとしていくことが、結果としてプロジェクト全体の計測、改善、効率化へとつながっていきます。さらに適正なコストでのプロジェクト遂行につながります。大変な作業には違いありませんが、ぜひ自社の中でも適切な見積りはどのように進めるべきかを議論して、自社に合ったやり方を確立していってください。

プロジェクト実行と生産性の管理

　さて、以上で「ミッションクリティカルなWeb業務管理システム」に関する見積りの事例紹介は終わりとなりますが、実際に見積もった内容と実績の数値をどのように管理していったかについて紹介しておきます。

　このプロジェクトでは、タスク管理システムとして「Backlog」を利用しました。

■ **Backlogのホームページ**

URL https://backlog.com/ja/

　タスクの設定として、各工程にマイルストーンもしくはサブプロジェクトを利用することで、各工程に関するタスクを分類できるようにしました。

　さらに発行したタスクについて、費やした時間を日々記録していくことで、工程単位での集計が可能となりました。

　集計した値はプロジェクトマネジメントチームで予実管理表として管理し、顧客側とも共有していきます。実際の進捗率と工数消費率をあわせて確認することで、予定通り進んでいるか確認することも可能です。

■ **工数予実管理表**

No.	作業分類	作業状況	工数(時間) 計画	工数(時間) 実績	実績／計画 (%)
1	要件定義	完了	250	215	86%
2	基本設計	作業中	400	325	81%
3	詳細設計				0%
4	開発 単体テスト				0%
5	結合テスト				0%
6	総合テスト				0%
7	ユーザー検証テスト				0%
8					0%
9					0%
10					0%

このプロジェクトでは利用しませんでしたが、予測も含めて、予実管理を行っていきたい場合は、**EVM**（Earned Value Management）といったプロジェクト管理の技法を適用していくこともできます。興味がある方はぜひ調べて、自分たちのプロジェクトに適用できないか検討してみてください。

見積りの実習をしてみよう

それでは、この節の最後では、要件定義フェーズで挙がった開発対象機能の「試験情報管理機能」という想定で、工数算出をしてみましょう。工数算出をする上では、「標準工数表」を利用してみてください。

▶ 開発対象画面と機能
■試験情報管理機能

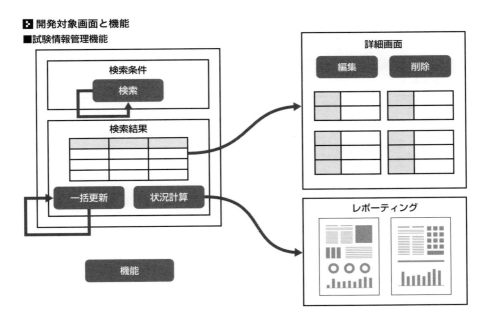

試験情報管理機能の画面および機能の概要は、次ページの通りです。

標準工数表はサンプルですが、こちらを自社できちんとした数字で持てると、見積り時の根拠やコンポーネントの再利用、ライブラリの利用などによって工数削減へとつなげられる効果もあります。

なお、実際に当社が作成した見積りは、本書の読者特典に含んでいますので、あわせて参照してください（読者特典のダウンロード方法は8ページ参照）。

■ 開発対象機能の概要

画面／機能	説　　明	画面／機能タイプ （標準工数表を参照）
検索・一覧 画面	・検索条件を指定して、画面下部に検索結果を表示 ・検索結果に対して、一括更新を可能にする	単票形式 （検索＋一覧（更新））
	・検索条件に従って検索結果を表示 ・検索条件はシンプル	参照（複数）
	選択した行の情報（ステータスや種別など）を一括で変更する	更新
	・検索結果すべての試験情報を基にして、試験の状況を計算し、レポートで表示 ・複雑な計算ロジックを含む	ロジック（大）
詳細画面	・一覧画面で選択した行の詳細情報を表示 ・情報の編集や削除も可能とする	単票（登録・更新）形式 参照（1件）
	表示内容の修正・更新を可能とする	更新
	・表示内容を削除 ・削除した場合は関係者にメールで通知を行う	削除 メール

■ 標準工数表

(単位：人日)

画面タイプ	タイプ	基本設計	詳細設計	実　装
①	一覧形式	2.5	2.0	
②	一覧（詳細）形式	2.5	3.0	
③	単票形式（参照）	2.0	1.5	
④	単票形式（参照＋一覧）	2.5	2.5	
⑤	単票（登録・更新）形式	3.0	2.0	
⑥	単票形式（検索＋一覧（更新））	4.0	3.0	
⑦	単票形式（検索＋一括登録）	5.0	4.0	
⑧	グラフ形式	2.5	2.5	
⑨	ダウンロード形式	2.5	2.5	
⑩	取込方式	4.0	3.0	

(単位：人日)

機能タイプ	タイプ	基本設計	詳細設計	実装／UT
①	参照（1件）			2.5
②	参照（複数）			4.0
③	登録			2.0
④	更新			3.0
⑤	削除			2.0
⑥	参照＋メール			2.5
⑦	メール			1.5
⑧	ロジック（大）			5.0
⑨	ロジック（小）			2.5

索 引

アルファベット

As is	044
AWS	070, 198, 201, 218
Backlog	070, 228, 247
CI	070, 167
COCOMO	110
COCOMO II	024, 110
DET	126, 127
develop	168
DevOps	175
Docker	070, 177
Dockerイメージ	177
Dockerfile	177
eclipse	070
EF	148, 149, 152
EVM	249
feature	168
FP法	028, 110, 120, 124, 138
FTR	126
GitHub	070, 167
IDE	024, 056, 070, 161
Issue機能	179
Jenkins	070
LOC	110
master	167
MM	016, 110
MVC	180
QAマネージャー	061
REDMINE	070
Redmine	201, 212
Redmine Backlogs	201, 212
──のかんばん表示	213
release	167
RET	127
RFI	076
RFP	076, 201
──の受領	230
Selenium	070
TCF	148, 151
To be	044
UI	183
UML	144
UT	164
WBS	228
──の各項目に関する工数算出	240
Web API	182
Web業務管理システムの開発	228

あ 行

アーキテクチャ構成図	034, 038, 090
アーキテクト	060, 061
アイドリング期間	022
アクター	028
アクティビティ図	034, 038, 088
アジャイル	072, 160
宛先	020
アプリ固有の機能	192
アプリ診断	193
アプリのデザイン	191
粗利	016, 018
イテレーション	201
イミュータブル（不変）インフラストラクチャ	178
インストール容易性	134
インターフェース	028
インフラ・運用設計の見積り	245
インフラエンジニア	061
インフラコストの見積り	216, 226
ウォーターフォールモデル	072, 157
請負契約	014
受渡期日	020
運用コスト	038
運用性	135
エンドユーザー効率	131
オープンソースプロダクト	159
お金の流れ	014

251

オンサイト顧客	040
オンプレミス環境	171
オンライン更新	132
オンライン入力	131

か 行

概算見積り	030
──の作成	232
概算見積表の作成	221
開発	046, 050
開発環境	173
開発規模の見積り	244
開発スケジュール	052
開発対象機能	250
外部インターフェース	122
外部出力	122
外部照合	122
外部入力	122
過去の実績情報	203
可用性	036, 100
簡易的な工数基準の決め方	064
環境要因	148, 149, 152
完全仮想化環境	177
管理機能	036
技術要因	148, 151
基準単価	018
既存アプリケーション計測	124
機能拡張計測	124
機能要件	010
機能要件一覧	034, 036, 083
希望納期	068
基本設計	046, 050, 086
業務委託契約	014
クライアントサイドレンダリング	182
クライアントサーバー型の見積り	115
クラウド化	024
クラウド環境	070, 171
継続的インテグレーション	070, 167
検収	012
検収期日	020
検証コスト	100
コアメンバー	058

工期	014
──の短縮	112, 118
工数	016
──の構成	114
工数予実管理表	248
高負荷構成	130
顧客のタスク	068
コンソーシアム	201
コンテナ型仮想環境	177
コンペ	076

さ 行

サーバーサイド開発	193
サーバーサイドレンダリング	182
サーバーホスティング環境	171
再利用可能性	133
作業量	014
──の予測	010
サブタスク	225
時間の削減	106
システムエンジニア	061
システム管理者	060, 061
システムで実現すべき内容の整理	202
システムで利用する技術基盤の整理	204
システム方式設計書	232
──の目次	233
実績のない見積り	185
質問表	078
自動単体テスト	160, 164
詳細設計	046, 050
情報収集	229
情報提供依頼書	076
情報発信APIシステム	204
新規開発計測	124
シングルタスク	062
人件費	016, 018
申請業務	194
スクラム	160, 201
スケジュール	034, 040, 094
ステージング環境	173
ストーリー	201, 225
ストーリーポイント	213

──の実績値の取得	223
スパイラルモデル	157, 160
スプリント	201, 214
──の振り返り	224
スマートフォンアプリでの見積り	187
スモールジャンプ	174
成果物	156, 235, 239
生産性の測定による見積精度の向上	222
脆弱性診断	193
積算法	026, 032, 046, 110
責任分界点	098
セキュリティ	036, 100
セキュリティQA	061
設計工程以降の見積り	233
説明会	078
その他費目	102
ソフトウェア開発規模の見積り	207

た 行

体制図	034, 040, 092, 246
多言語化	193
タスク	048, 052, 062, 201
多段階見積り	084
単価	016, 018
端末のサポート	191
調整係数	138
調整値	128
積み上げ法	026, 032, 046, 110
提案	050
提案依頼書	076, 201
提案社（者）	020
提案書	078
──の作成	231
提案チーム	078
提案力	154
ディレクション担当者	194
ディレクター	061
テキストエディタ	196
デザイナー	061
テスター	061
テスト	046, 050
──の自動化	024, 070
テスト工程の見積り	246
データ抽出プログラム	204
データ通信	128
データ提供システム	204
データ伝送プログラム	204
データ登録・整形プログラム	204
データファンクション	122, 127
統合開発環境	024, 056, 070, 161
トランザクショナルファンクション	122, 126
トランザクション	146
トランザクション量	130

な 行

内部論理ファイル	122
入月	016, 110
ネイティブアプリ	189
値引き	104
納期	068
納品までの流れ	012

は 行

バージョン管理	179
ハイブリッドアプリ	190
バッファ	054
パフォーマンス	036, 100, 129
パフォーマンスQA	061
反復的な開発スタイル	158
ヒアリング	078, 082, 229
非機能要求グレード	036
非機能要件	010
非機能要件一覧	034, 036, 083
ビジネスアナリスト	061
ビッグジャンプ	174
ビッグデータ活用システム	203
ビッグデータの解析システム構築	198
標準工数表	245, 250
ファンクション	122
ファンクションポイント	126
ファンクションポイント法	028, 110, 120, 124, 128, 138
フィジビリティ	044

項目	ページ
フェーズ	046, 048, 056, 086
複雑な処理	133
複数サイト	136
フレームワーク	024
フロー図	034, 038, 088
プログラマ	061
プロジェクト管理ツール	070
プロジェクト実行と生産性の管理	247
プロジェクト体制図	034, 040, 092, 246
プロジェクトマネジメントなどの見積り	246
プロジェクトマネジメントの作業の整理	241
プロジェクトマネージャー	060, 061
──の調整作業	242
プロジェクト要因	148
プロダクトオーナー	060, 061
分散処理	128
ペーパープロトタイピング	192
変更容易性	136
本番環境	173

ま 行

項目	ページ
マイクロサービス	228, 236
マイルストーン	208
マスタースケジュール	042, 068
マスター登録	036
マルチロール	062
見える化	034
見積り	012
──完成時のチェックポイント	096, 098, 100, 102, 104
──に必要なWBSの洗い出し	239
──の完成	108
──の基準	064
──の根幹	010
──の条件	020
──の進め方	080
見積金額の算出	247
見積書	078
──の読み方	020
見積方針の整理	206, 238
未来情報	203
メンバーの生産性	066
モノの対価	014
モバイルWebアプリ	190

や 行

項目	ページ
有効期限	022
ユニットテスト	164
ユーザー	061
ユーザーデータ	086
ユーザーリーダー	061
ユーザーログイン	086
ユースケース	032, 036, 144
ユースケースポイント法	144, 146
要件	032
要件定義	010, 032, 046, 050
──の不確定さ	242
要件定義フェーズ以降で実施する工程	244
要件定義フェーズの見積り	232, 238

ら 行

項目	ページ
リスク	054
粒度	032, 064
リリース	046, 050, 194
リリースバージョン	208
レスポンシブデザイン	184
練度	066
ロール	058, 062

執筆者プロフィール

佐藤 大輔 (さとう だいすけ)【第1部、第2部執筆】
1972年生まれ。株式会社オープントーン代表取締役社長
北海道出身。大手SIerにて業務系プログラマ、SEを経験し、2003年株式会社オープントーンを創業。プログラマからシステム開発会社の社長まで幅広い立場での経験を活かし、Web記事や雑誌を中心に開発プロセスやプロジェクトマネジメントについて複数の執筆を手掛ける。
従来の顧客との利益相反型の業界構造を変えることを事業目標のひとつに掲げる。提案型営業からの開発請負と自社サービスを組み合わせることにより100％直請けの事業構造の構築に成功した。同じ志を持つエンジニア・ビジネスマンを現在も日々募集中。

畑中 貴之 (はたなか たかゆき)【第3部第8章一部・第9章執筆】
1974年生まれ。株式会社オープントーン取締役兼ITエンジニアリング事業部兼観光ビッグデータ事業部部長。
大学卒業後は、自動車販売会社に勤めていたが、途中でIT業界に転身を図る。その後、エンジニアとして証券・生命保険の開発プロジェクト経験を経て、個人事業主として独立。ネットバンキングでの開発ベンダー側のプロジェクトマネージャー（PM）を8年ほど勤めて年間100以上のプロジェクトを推進した。2008年にオープントーンに入社し、取締役に就任。2016年以降はビッグデータを活用した情報基盤構築のPMを務め、現在も該当システムの運用を続けている。2018年からはさらに大量のビッグデータを利用するシステム構築や、機械学習・深層学習を利用したデータ活用PMも務めている。

渡邉 一夫 (わたなべ かずお)【第3部第8章一部執筆】
1976年生まれ。東京都出身。財務・会計・金融などのエンタープライズシステム構築や統計調査・基礎調査などの官公庁システム構築を担当し、幅広いシステム構築を経験。Java ServletなどサーバーサイドJavaの登場初期からJavaに精通し、現在もSpring Frameworkでのシステム構築に従事。システム・データベース・インフラと、フルスタックエンジニアとして活動中。個人活動としてさまざまなコミュニティに参加するなど、公私ともにエンジニア業を営む。

装丁・本文デザイン	大野 文彰
DTP	一企画

システム開発のための
見積りのすべてがわかる本

2018年9月18日 初版第1刷発行
2024年8月5日 初版第4刷発行

著 者	佐藤 大輔（さとう だいすけ）・畑中 貴之（はたなか たかゆき）・渡邉 一夫（わたなべ かずお）
発行人	佐々木 幹夫
発行所	株式会社 翔泳社（https://www.shoeisha.co.jp）
印刷・製本	大日本印刷 株式会社

©2018 Daisuke Sato, Takayuki Hatanaka, Kazuo Watanabe

本書は著作権法上の保護を受けています。本書の一部または全部について（ソフトウェアおよびプログラムを含む）、株式会社 翔泳社から文書による許諾を得ずに、いかなる方法においても無断で複写、複製することは禁じられています。

本書へのお問い合わせについては、2ページに記載の内容をお読みください。
落丁・乱丁はお取り替えいたします。03-5362-3705までご連絡ください。

ISBN978-4-7981-5649-1　　　　　　　　　　　　　Printed in Japan